U0162705

广西优秀传统文化
出版工程

"自然广西"丛书

大地的馈赠

朱千华　著

广西科学技术出版社
·南宁·

图书在版编目（CIP）数据

大地的馈赠 / 朱千华著 . —南宁：广西科学技术出版社，2023.9
（"自然广西"丛书）
ISBN 978-7-5551-1973-9

Ⅰ . ①大… Ⅱ . ①朱… Ⅲ . ①自然资源—广西—普及读物　Ⅳ . ① P966.267-49

中国国家版本馆 CIP 数据核字（2023）第 174051 号

DADI DE KUIZENG

大地的馈赠

朱千华　著

出 版 人：梁 志	**装帧设计**：韦娇林　陈 凌	
项目统筹：罗煜涛	**美术编辑**：韦宇星	
项目协调：何杏华	**责任校对**：盘美辰	
责任编辑：程 思	**责任印制**：韦文印	

出版发行：广西科学技术出版社
社　　址：广西南宁市东葛路 66 号
邮政编码：530023
网　　址：http：//www.gxkjs.com
印　　制：广西昭泰子隆彩印有限责任公司

开　　本：889 mm×1240 mm　1/32
印　　张：6
字　　数：130 千字
版　　次：2023 年 9 月第 1 版
印　　次：2023 年 9 月第 1 次印刷
书　　号：ISBN 978-7-5551-1973-9
定　　价：36.00 元

总序

　　江河奔腾，青山叠翠，自然生态系统是万物赖以生存的家园。走向生态文明新时代，建设美丽中国，是实现中华民族伟大复兴中国梦的重要内容。

　　进入新时代，生态文明建设在党和国家事业发展全局中具有重要地位。党的二十大报告提出"推动绿色发展，促进人与自然和谐共生"。2023 年 7 月，习近平总书记在全国生态环境保护大会上发表重要讲话，强调"把建设美丽中国摆在强国建设、民族复兴的突出位置"，"以高品质生态环境支撑高质量发展，加快推进人与自然和谐共生的现代化"，为进一步加强生态环境保护、推进生态文明建设提供了方向指引。

　　美丽宜居的生态环境是广西的"绿色名片"。广西地处祖国南疆，西北起于云贵高原的边缘，东北始于逶迤的五岭，向南直抵碧海银沙的北部湾。高山、丘陵、盆地、平原、江流、湖泊、海滨、岛屿等复杂的地貌和亚热带季风气候，造就了生物多样性特征明显的自然生态。山川秀丽，河溪俊美，生态多样，环境优良，物种丰富，广西在中国乃至世界的生态资源保护和生态文明建设中都起到举足轻重的作用。习近平总书记高度重视广西生态文明建设，称赞"广西生态优势金不换"，强调要守护好八桂大地的山水之美，在推动绿色发展上实现更大进展，为谱写人与自然和谐共生的中国式现代化广西篇章提供了科学指引。

生态安全是国家安全的重要组成部分，是经济社会持续健康发展的重要保障，是人类生存发展的基本条件。广西是我国南方重要生态屏障，承担着维护生态安全的重大职责。长期以来，广西厚植生态环境优势，把科学发展理念贯穿生态文明强区建设全过程。为贯彻落实党的二十大精神和习近平生态文明思想，广西壮族自治区党委宣传部指导策划，广西出版传媒集团组织广西科学技术出版社的编创团队出版"自然广西"丛书，系统梳理广西的自然资源，立体展现广西生态之美，充分彰显广西生态文明建设成就。该丛书被列入广西优秀传统文化出版工程，包括"山水""动物""植物"3个系列共16个分册，"山水"系列介绍山脉、水系、海洋、岩溶、奇石、矿产，"动物"系列介绍鸟类、兽类、昆虫、水生动物、远古动物、史前人类，"植物"系列介绍野生植物、古树名木、农业生态、远古植物。丛书以大量的科技文献资料和科学家多年的调查研究成果为基础，通过自然科学专家、优秀科普作家合作编撰，融合地质学、地貌学、海洋学、气候学、生物学、地理学、环境科学、历史学、考古学、人类学等诸多学科内容，以简洁而富有张力的文字、唯美的生态摄影作品、精致的科普手绘图等，全面系统介绍广西丰富多彩的自然资源，生动解读人与自然和谐共生的广西生态画卷，为建设新时代壮美广西提供文化支撑。

八桂大地，远山如黛，绿树葱茏，万物生机盎然，山水秀甲天下。这是广西自然生态环境的鲜明底色，让底色更鲜明是时代赋予我们的责任和使命。

推动提升公民科学素养，传承生态文明，是出版人的拳拳初心。党的二十大报告提出，"加强国家科普能力建设，深化全民阅读活动"，"推进文化自信自强，铸就社会主义文化新辉煌"。"自然广西"丛书集科学性、趣味性、可读性于一体，在全面梳理广西丰富多彩的自然资源的同时，致力传播生态文明理念，普及科学知识，进一步增强读者的生态文明意识。丛书的出版，生动立体呈现八桂大地壮美的山山水水、丰盈的生态资源和厚重的历史底蕴，引领世人发现广西自然之美；促使读者了解广西的自然生态，增强全民自然科学素养，以科学的观念和方法与大自然和谐相处；助力广西守好生态底色，走可持续发展之路，让广西的秀丽山水成为人们向往的"诗和远方"；以书为媒，推动生态文化交流，为谱写人与自然和谐共生的中国式现代化广西篇章贡献出版力量。

"自然广西"丛书，凝聚愿景再出发。新征程上，朝着生态文明建设目标，我们满怀信心、砥砺奋进。

感受八桂 沃土温度

收获来自大地的馈赠

探索壮美广西

农业革新

见证

视频介绍农业技术的发展

拓宽

阅读视野

出版社精品房好书推荐 完善你的知识地图

希望田野

探寻

了解广西西江流域 寻找水稻故乡

感受

大地馈赠

短视频讲解本书内容 快速获取核心观点

目录

综述：大地深情，无私馈赠

靠山吃山，靠海吃海。千万年来，人类顺应自然、利用自然，捕猎、采集、驯化、种植……生存的智慧铸就了多姿多彩的文明。广西位于祖国南疆，山川千里，物产丰饶，被誉为"稻作圣地""香料王国""水果之乡""植物天堂"。

广西地处低纬度，北回归线横贯中部，南临热带海洋，北接南岭山地，西延云贵高原，属亚热带季风气候区。其中，广西北部属中亚热带气候区，南部属南亚热带气候区，桂南又具有温暖湿润的海洋气候特征。广西气候温暖，雨水丰沛，光照充足，降水量和热量资源分布大体上由北向南增多。每年4—9月降水量占年降水量的70%～85%，雨季恰好与热季重叠。雨热同季的气候特征非常利于农业生产，多种植物都能在广西找到合适的生长地。

广西的地理特征复杂多样，山岭连绵，岩溶广布，河流众多，海岸曲折。不同的地形在丰富的光、热、水等自然条件作用下，造就了地貌、土质的多样化和生态条件的复杂性，而这些自然条件又为多种作物提供了适宜的生长环境。因而广西农业资源丰富，作物种类繁多。

　　远在新石器时代，广西地区的农业起源就已有自己的特点。当时广西栽培的作物可能是以根茎类作物、果树、葫芦、水生植物及竹类、谷类（已有水稻）为主。这些作物栽培最初可能只占经济活动的一小部分，是作为狩猎、采集和渔业活动的补充，属于小型的园圃农业的范畴。在稻谷的主粮地位还未形成以前，根茎类作物（如薯、芋等）是广西原始粮食种植业的主要作物。即使在稻谷成为主粮后，薯等根茎类作物也没有被淘汰；相反，农家却常种而不弃。《齐民要术》引《异物志》载："甘

薯似芋，亦有巨魁。剥去皮，肌肉正白如脂肪。南人专食，以当米谷。"当时农民种植甘薯作为主粮，显然是因为它对土壤要求不高，适宜在广西丘陵、山坡种植，且产量高。

秦汉以后，随着大批汉族居民的南迁，带来了先进的生产工具和农耕技术，促进了广西地区水稻的推广种植。至汉代，水稻已成为广西的主要粮食作物。勤劳的广西劳动人民在长期的种稻实践中，曾选育出许多优良品种，为我国粮食生产做出应有的贡献。南宋王象之的《舆地纪胜》引《象郡志》载，象州"多膏腴之田，长

德保金色秋光（张小宁　摄）

腰玉粒，为南方之最，旁郡亦多取给焉"。由此可知，象州的"长腰稻"已是南方附近诸州大量推广种植的优良稻种了。

汉代以后，随着农业经济的不断发展，种植业内部也发生了重大变化。汉代广西的农作物是多种多样的。考古工作者在贵港罗泊湾汉墓发现的粮食作物有水稻、粟、芋，瓜菜有黄瓜、香瓜、冬瓜、番木瓜、葫芦等，水果有橘子、李、梅、青杨梅、橄榄等，还有金银花、花椒、姜等草药和调味品。根据《盐铁论·未通篇》记载，汉代包括广西在内的南方果品已远运北方，供民间消费。

到了宋代，广西粮食除自给外，还提供了不少商品粮接济广东。北宋陈尧叟任广西转运使时，认为广西的自然条件主要适宜种植水稻和苎麻，因而奏明朝廷。由于官府奖励种麻，广西稻麻并兴，苎麻布产量也从原来的年产 18 万匹发展到年产 37 万匹。同时，因为柳宗元在《柳州城西北隅种甘树》一诗中提倡种植果树，南宋时柳州地区已"黄柑绿柳，至今满乡"。范成大的《桂海虞衡志》中有"志果"一章，列举了广西的果类，"世传南果以子名者百二十……录其识可食者五十五种"。可见当地栽培或采食的果品数量之多。

自明代开始，广西引种新的粮食作物，有麦类、甘薯、玉米等。这些粮食作物的加入，不仅迅速提高了广西的粮食总产量，也改变了广西主要粮食的构成，为广西粮食作物种植业的发展开辟了新的途径。明清时期，广西农业生产商品化有不同程度的提高。首先，表现在经济作物的种植增加，出现整户或整乡种植经济作物的局部现象。据乾隆刑科题本所记，当时合浦县已开设糖坊，熬糖出卖。而合浦县蔗糖商品化的发展则是以当地种蔗制糖业大兴为基础的。其次，清光绪时期广西巡抚马丕瑶大力振兴广西桑蚕业。据他的奏报，当时广西总共产丝 10 万千克以上，各地种桑约 27600 万株。但总的来说，明清至民国时期，广西农业生产商品化程度不高，仍没有摆脱以粮食生产为主的单一经济格局。

中华人民共和国成立后，广西现代农业发展开辟了广阔的道路。广西结合实际，进行了一系列卓有成效的改革。特别是 2002 年以来，一系列技术创新和推广有力地推动了广西农业农村经济走上稳定健康的现代农业发展道路。如今，广西扎实推进现代特色农业建设，推动乡村产业高质量发展，强调因地制宜，坚持特色发展，先后形成了粮食、蔗糖、水果、蔬菜、渔业、优质家畜等 6 个千亿元特色农业产业集群，糖料蔗、水果、蚕桑、茉莉花（茶）等产量长期位居全国第一，为乡村振兴和地方经济发展注入了活力。广西深入实施品牌强农战略，推广地理标志农产品和绿色、有机、全国名特优新农产品。同时，借助互联网营销，让更多特色产品"出圈"成为"网红"产品。百色芒果、容县沙田柚、砂糖橘等众多国家地理标志保护产品和农产品地理标志产品不仅受到全国各地消费者的青睐，更是走出国门，行销世界，进一步扩大了广西特色产业的规模。

在广西这片土地上，农人从不吝啬对赐予他们食物的天与地表示感恩。根植于山水之间，得益于大地的馈赠，广西人用双手创造出属于自己的美好生活。

（赵京武　摄）

在希望的田野上

民为国基，谷为民命。粮食作物是人类基本的食物来源，粮食安全更是实施乡村振兴战略的首要任务和国家安全的重要基础。

广西山岭连绵，岭谷相间，耕地面积少。通过因地制宜不断强化实施"藏粮于地、藏粮于技"的战略，广西粮食生产能力逐年得以不断提高，粮食产业不断优化。

广西始终坚持把粮食安全作为"国之大者"和头等大事来抓，扛稳粮食安全重任，筑牢乡村振兴基石。目前，广西粮食产业已发展成为六大千亿元产业之一。

微信 / 抖音扫码

水稻：广西是世界稻作原乡

世界水稻起源地在哪里？

2012 年 10 月 4 日，世界知名科学杂志《自然》上，一篇题为《水稻全基因组遗传变异图谱的构建及驯化起源》的科研论文震惊世界。中国科学院院士、中国科学院分子植物科学卓越创新中心主任韩斌的科研团队，在研究水稻基因时发现了一个秘密。

韩斌院士的科研团队通过当代最前沿的基因研究，准确地确定世界水稻起源于广西，确切地说，是在南宁周边一些地方。这与娅怀洞的考古发现不谋而合。2020 年 9 月 16 日，考古工作者在距今 3 万年左右的广西隆安娅怀洞遗址中，发现了 1.6 万年前的稻属植硅体，为广西古人类驯化野生稻提供了重要证据。

广西地理位置纬度低，热量足，光、温、水等总体气候条件非常适宜水稻生长发育。此外，广西地形丰富多样，从而形成了多种多样的水稻栽培制度，主要有早、晚双季稻；单季中稻；水、旱轮作早、晚稻，包括早造稻、晚造黄豆或红薯等作物，早造玉米或花生等作物、晚造水稻。

从农业气象的角度来看，广西属于南方双季稻区。所谓"双季稻"，是指先种早稻，成熟收割后再种晚稻。

这种双季连作方式，充分利用了南方地区的气候资源，让一季变两季，即同一块稻田一年中可种植和收获两季水稻，以增加粮食产量。

广西从南到北都可种植双季稻，常年水稻种植面积2700万亩（1亩≈666.67平方米）左右。广西水稻生产区，主要有四个：桂南稻作区、桂中稻作区、桂北稻作区、高寒山区稻作区。

桂南稻作区，以低山丘陵为主，盆地、平原相间分布，气温高，雨量足，光、热、水等气候资源丰富，无霜期长。这里是广西重点产粮区，以种植双季稻为主。著名的上林大米、东津细米、大湾大米、古辣香米皆产于此。其中，以贵港的东津细米最为有名，食之口感柔软、丝甜清香，名播西江流域。

桂中稻作区，以石山居多，低山、丘陵交错，喀斯特地貌广布，地表径流大。单季稻和双季稻皆有种植，

金色稻田（黄亦华 摄）

以种植双季稻为主。该区产东兰墨米、象州大米、象州红米等名品。象州红米俗称"血米"，米皮赤红色，米心玉白，煮熟后有浓郁的荔浦芋香，种植历史悠久，据史料记载，宋代即有种植。

桂北稻作区，春寒结束较迟，寒露风来得早，年平均气温 18℃左右。历史上，稻田以单季稻加荞麦、秋大豆、冬作油菜的复种方式为主，现在已改单季稻为双季稻。

高寒山区稻作区，包括龙胜、资源、三江、金秀、南丹、乐业和融水部分山区及北部海拔在 500 米以上的地区。这些地区山高谷深，日照少，气温低，霜期长，春暖迟，秋冷早，虽也尝试过种植双季稻，但效果不理想，仍以种植单季稻为主。知名品种有南丹巴平米、金秀圆头粳等。圆头粳是金秀瑶山种植多年的一种传统水稻品种，属于金秀原始品种，其外观为椭圆形，颗粒饱满，当地人俗称"圆头根"。因瑶山高海拔地区昼夜温差大，圆头粳生育期长，煮熟后软糯香甜，口感极好。

此外，广西还有不少地方种植旱稻。旱稻是山区百姓祖辈流传下来的稀有稻种资源。旱稻耐旱、耐贫瘠、适应性较强、抗病能力很强，适合山区粗放式种植，甚至在林地都可以种植。旱稻种植采用地膜点种方式，整好土地，覆盖地膜，利用点种机点种即可。种旱稻减少了等水、育秧、移栽等多个环节，在种植技术、节约成本、节省劳力等多个方面具有优势，很多农户称之为"懒人稻"。旱稻是广西稻作产业的一匹"黑马"，为广西"稻作之乡"的美名增添了新的内涵。

东兰墨米（引自朱千华《稻作原乡》）

东兰稻田（李桐 摄）

甘薯与马铃薯：瓜薯半年粮

甘薯

甘薯又名红苕（sháo）、白薯、山芋、地瓜、番薯、红薯等，是我国重要杂粮之一。甘薯原产于美洲，地理大发现后，欧洲人把甘薯带到世界各地。1571年，西班牙船队征服东南亚吕宋岛（今菲律宾），带来甘薯，一时间绿叶葱茏，藤蔓遍野。清代甘薯专著《金薯传习录》（陈世元著）中记载，西班牙人在吕宋"珍其种，不与中国人"。因此，甘薯传入中国颇费了一番功夫。

明万历年间，闽商陈振龙曾侨居吕宋，得甘薯藤苗及栽种之法。回中国时，他命人把藤苗秘密缠在缆绳上，表面涂以污泥。航行7日抵达福建。正值闽中旱饥，陈振龙把秘密带回的甘薯藤苗献予巡抚金学曾，发给灾民试种，大获成功。至此，甘薯落地中国。

大约在明代末期，甘薯传入广西，至今已有400多年。清乾隆年间《灵山县志》载："薯，红、白两种；番薯种自吕宋而来，由闽而粤，万历始有之，园地高山俱有种植，皮分红白，肉分白黄，叶可为蔬，饥岁可粮，味甘无苦。"

甘薯属于高产稳产的粮食作物，形如断藕，叶似芙蓉，耐旱，耐瘠薄。其发达的根、茎、叶富含果胶，具有较强的持水性和抗旱性。薯块可以储存一定量的水分，可在干旱时暂时保持植物体内的水分平衡。

广西发展甘薯产业具有得天独厚的生态和气候环境优势。如今，广西是我国南方最大的甘薯主产区和最重要的鲜食薯优势产区，甘薯种植遍布全区，特别是沿海的北海、钦州、防城港，一年四季均可种植甘薯，发展冬薯和春薯具有明显优势，对维持全国鲜食薯市场平衡和保障周年供应，具有重要的地位和作用。近年来，广西甘薯种植面积稳定在300万亩以上，因其经济效益显著，种植面积逐年增加。

甘薯田（黄河　摄）

　　甘薯是广西第三大粮食作物。为了追求产量，以前的甘薯品种相对单一。随着人们健康意识的提高及科研的不断深入，甘薯品种类型呈现多样化，有鲜食型、淀粉型、兼用型、菜用型和观赏型等。

　　广西著名的甘薯品种有东兴红姑娘、大化白玉薯、龙胜与河池的槟榔薯、玉林大番薯等。

马铃薯

　　马铃薯，因其较小的块茎形似马脖子上的铃铛而得名，别名洋芋、土豆、山药蛋等，是粮食、蔬菜兼用作物，原产于美洲，约于明万历年间传入我国。马铃薯在广西有近百年的种植历史。广西冬季无霜期长，利用冬闲水田种植马铃薯，不与其他粮食作物争地，可实现粮食种植的一年三熟。

　　广西常年冬闲田地超过 1000 万亩，发展秋冬种马铃薯条件得天独厚。广西是全国马铃薯主粮化产业三大地区之一，是中国最大秋冬种马铃薯生产基地。但全区马铃薯种植面积一直在 100 万亩左右徘徊，根本原因是缺乏适合广西气候生态条件和耕作栽培制度的品种，脱毒种薯基本依赖区外调入，限制较多。"桂农薯 1 号""桂彩薯 1 号"等审定品种和脱毒种薯本土化繁育技术在生产上的成功应用，将能够较好地解决广西马铃薯生产存在的瓶颈问题，有力地促进广西马铃薯产业的快速健康发展。

马铃薯植株（田稚珩　绘制）

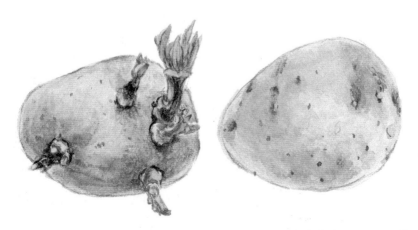

发芽的马铃薯和变绿的马铃薯会产生龙葵素，食用后会引起中毒（田稚珩　绘制）

马铃薯丰收（崔强 摄）

种植户正在田头装运马铃薯（冯海强 摄）

玉米与大豆：一地双收

玉米

1492 年，航海家哥伦布到达美洲，发现了新大陆。当他走过海岸时，立即被田野里高大而美丽的植物给吸引住了。他在日记中写道："我发现了一种奇异的谷物，它的名字叫马希兹。甘美可口，焙干，可以做粉。"

玉米又名玉蜀黍、苞谷、苞粟、苞米、棒子、玉茭、大黍、玉麦等，大约在 16 世纪初传入我国。广西最早记载玉米的文献，为明嘉靖十年（1531 年）的《广西通志》。玉米是一种适应性广、抗逆性强的植物，适宜旱地和坡地种植。

广西是喀斯特地貌之乡。石山区土地瘠薄，石多土少，干旱缺水。玉米迅速适应了喀斯特山区的自然环境，特别是石漠化地区，只要山旮（gā）旯（lá）里有点土，玉米就能成活。目前，玉米仍是当地村民极重要的粮食作物。

玉米是广西第二大粮食作物，播种面积、总产量和消费量仅次于水稻。20 世纪三四十年代，广西玉米种植面积已近 500 万亩，总产量 25 万～ 30 万吨。据《广西统计年鉴》记录，2000—2020 年，广西玉米播种面积年均 855 万亩，年均总产量 230 万吨。

　　随着现代农业技术的不断发展，玉米产业日渐庞大。根据市场需求，已有多个发展方向，如饲料玉米、青贮玉米和鲜食玉米等。鲜食玉米的品种不断增加，涵盖了普通玉米、甜玉米、花糯玉米、甜糯玉米等，一年四季皆可鲜食。

　　横州是著名的"中国甜玉米之乡"。在校椅镇、石塘镇、陶圩镇等甜玉米产区，万亩连片的甜玉米生产基地蔚为壮观。以前，甜玉米按吨卖，如今论个卖。其色金黄，颗粒晶莹，口感软糯清甜，留绿色苞衣，或煮或蒸，清香无比。2020 年，"横县甜玉米"获得国家农产

横州甜玉米（蒙森　摄）

品地理标志登记证书；2022 年，"横州甜玉米"被列入 2022 年第二批全国名特优新农产品名录；2023 年，"横县甜玉米"成功注册为地理标志证明商标。

大豆

大豆起源于中国，植物学界对此并无疑异。在先秦文献中，大豆先称尗（shū），后称菽（shū）。秦至西汉初，始称豆。经考古发现，中国商代时已有尗；西周时期，大豆已成为栽培植物。

广西种植大豆，历史悠久。梧州大塘三号汉墓曾出土铜碗，内盛大豆碳化物，此可证明，汉时广西已种植大豆。至唐宋时，广西种植大豆已较普遍。南宋周去非的《岭外代答》中，曾记录宋代静江府下辖各县瑶族人耕山种粟种豆。

自 2000 年以来，在全国大豆种植面积下降的背景下，广西大豆种植面积和总产量在总体上也呈下降趋势。2005—2006 年，广西大豆种植面积出现断崖式下降，2006 年种植面积较 2005 年减少 63.22%，仅约 138 万亩。之后，广西大豆种植一直处于低迷状态，2006—2018 年广西大豆种植面积平均为 142.5 万亩。

2019 年，国家实施大豆振兴计划，广西大豆种植面积开始呈上升趋势。2022 年，中央一号文件提出在西南地区推广玉米大豆带状复合种植，广西积极响应，完成 2022 年国家下达广西大豆种植面积任务 152.3 万亩。当前，广西正在大力推广玉米大豆带状复合种植（即通

常所说的"套种"），主推"2+3"模式（即 2 行玉米 +
3 行大豆）。推广玉米大豆带状复合种植，是保障国家粮
食安全和实施乡村振兴战略的重要内容。

广西传统豆制品加工以腐竹、豆腐、豆豉、腐乳、
酱油和豆酱等为主，品种繁多。桂林腐乳、桂平腐竹、
黄姚豆豉、全州五香豆腐干、梧州冰泉豆浆等，都是久
负盛名的豆制品，别有一番风味。

大豆及其制品

荔浦芋：一口糯香三百年

　　旧石器时代晚期，广西壮族先民就已经驯化野生芋为栽培芋，以芋为食。1976 年，在广西贵县（今贵港市）罗泊湾一号汉墓中，出土了大批植物种子和果实，其中就有芋。如今在广西的山野之间，还时常发现野生芋。

罗泊湾一号汉墓出土的芋茎和芋头的外壳（引自覃尚文、万辅彬、王同良、蒙元耀《壮族科学技术史（壮汉对照）》）

广西各地芋种十分丰富，芋名也是五花八门，仅志书记载就有几十种，如旱芋、狗爪芋、水芋、璞芋、韶芋等。广西最有名的芋种，当属荔浦芋。

广西栽培荔浦芋已有300多年的历史。古时，福建槟榔芋久享盛名。清代福建商人何伯鹏将槟榔芋携至广西，在荔浦县城西关帝庙附近试种。经与荔浦当地野山芋杂交，逐渐培育出一个具有划时代意义的新品种：荔浦槟榔芋，简称荔浦芋。

《粤西植物纪要》载："槟榔芋体长而圆，质味松香，为荔浦县特产，品居各种之上。"这里的"槟榔芋"指的就是荔浦芋。荔浦芋个头硕大，重量普遍超过1千克，表皮棕色，纹理致密，剖开有明显的紫红色槟榔纹，煮熟后口感松软粉糯，有特殊香味，被誉为"芋头之王"。

荔浦芋

　　清乾隆二十一年（1756 年），翰林编修刘墉为广西乡试正考官。离开广西时，刘墉带了一些荔浦芋，献与乾隆皇帝。乾隆皇帝品尝后大为赞叹，遂将荔浦芋定为皇家贡品。1996 年，以刘墉为故事原型的电视剧《宰相刘罗锅》播出，剧中多次提及荔浦芋，使得荔浦芋在全国的知名度迅速上升，极大刺激了人们的消费欲望，荔浦芋由此畅销全国。

　　荔浦芋营养丰富，是制作多种菜点的上乘原料。将荔浦芋切片，油炸后与经加工过的带皮五花肉厚片相夹，蒸制成"荔浦芋扣肉"。这道菜味道鲜香，醇美不腻，素有"一家蒸扣，四邻皆香"的赞誉，是荔浦人宴席上招待宾客的必不可少的一道传统名菜。

　　2022 年，荔浦市的荔浦芋种植面积达到 5 万多亩，产量达 10 万吨，种植及加工销售产值超 20 亿元。随着荔浦芋全产业链的有力推进，荔浦市在乡村振兴的道路上铺出了一条乡村致富路。

荔浦芋扣肉（引自何志贵《舌尖上的三月三》）

（黄成城 摄）

丰饶的山野与河谷

产业兴才能乡村兴，经济强才能人气旺。

广西自然条件好，林、果、蔬、畜、糖等特色资源丰富，发展乡村特色产业具备得天独厚的优势。目前，广西多个特色产业领先全国，特色农产品优势区数量位居全国第一，为乡村振兴和地方经济发展注入了活力。

在广西众多乡村特色产业中，糖料蔗和桑蚕产量长期位居全国第一，其中糖料蔗产量占全国总产量的60%以上，桑蚕产茧量占全国总产量的45%以上；花生、油菜、芝麻等油料作物在保障老百姓日常生活及国家和地方粮油安全中发挥了重要作用。

微信/抖音扫码

甘蔗：中国糖都在广西

　　甘蔗的原产地，有说是印度，也有说是中国，至今未有定论。唐代，广西已开始大面积种植甘蔗。唐代孟诜（shēn）的《食疗本草》记载："蔗有赤色者，名昆仑蔗，白色者名荻蔗。竹蔗以蜀及岭南者为胜。"关于竹蔗，北宋文学家苏东坡对它情有独钟，作诗《甘蔗》："老境于吾渐不佳，一生拗性旧秋崖。笑人煮箦何时熟，生啖青青竹一排。""青青竹一排"，指的就是中国甘蔗的传统品种——竹蔗。

　　南宋祝穆的《方舆胜览》记载："藤州土人，沿江种甘蔗，冬初压汁作糖。"可见在宋代，西江两岸已广泛

土法榨糖（王梦祥　摄）

种植甘蔗。

甘蔗属热带和亚热带作物，喜高温和阳光，广西的自然地理条件尤其适宜发展甘蔗产业。除少数山区因气温较低，霜冻较多，对甘蔗生长不利外，广西大部分地区皆可种植甘蔗。

2021/2022 年榨季，被誉为"中国糖都"的崇左市食糖产量达 240 万吨，产蔗量、产糖量连续 19 个榨季居全国首位。崇左市划定糖料蔗生产保护区 402.15 万亩，糖料蔗种植面积稳定在 400 万亩以上，种蔗人口 120 万人，年产糖量占广西年产糖总量的三分之一，占全国年产糖总量的五分之一。

2021 年、2022 年广西甘蔗种植面积分别为 1287 万亩、1272 万亩，产量均占全国甘蔗总产量的 65% 以上。因此，有人称广西为"甜蜜的世界""甘蔗王国"，可谓恰当。

甘蔗丰收（黄亦华　摄）

广西甘蔗产业的快速发展，是从改革开放初期开始的。当时，广西市市种甘蔗，县县有糖厂。每个榨季（每年 11 月至翌年 4 月），蔗农在田间地头忙个不停，满载甘蔗的货车，在往来糖厂的路上络绎不绝。糖厂门口运输甘蔗的车队，更是排成几千米的长龙。糖厂收购的甘蔗堆积如山。

面对广阔无垠的甘蔗林，面对如此火热的生活，广西著名作家周民震先生激动不已。他经常戴上草帽，挂

上水壶，骑上自行车，在烈日下深入南宁石埠圩的甘蔗林，和蔗农们一起聊天、砍甘蔗，体验蔗农们种植甘蔗的"甜蜜"生活。后来，周民震以无边无际的广西甘蔗林为灵感，用饱满的激情和具有诗意的妙笔，创作出著名电影剧本《甜蜜的事业》，后由著名导演谢添执导、北京电影制片厂摄制完成，打造出一部时代经典。今天，轻松愉快的主题曲《我们的生活充满阳光》仍在传唱。

甘蔗林（黄成城　摄）

桑蚕：东桑西移，桑蚕王国

　　长江中下游的江浙地区，一直是中国传统的桑蚕之乡。但随着经济的发展，原有农耕时代的桑蚕产业已趋没落。土地成本上升，需要大量土地和劳动力的桑蚕产业在当地已经不再有优势，产业发展受制约。为了稳定桑蚕产业的发展，国家对桑蚕产业及时进行了系统性的调整，把江浙一带的桑蚕产业迁往中国西部地区，这项重大工程，就是"东桑西移"。

采桑（谭凯兴　摄）

让人意外的是，东部省份没落的桑蚕产业，到了西部地区的广西，竟然如鱼得水，很快迎来了声势浩大的产业浪潮，让广西迅速变成了一个庞大的"桑蚕王国"。

在桑蚕产业上，广西有着得天独厚的地理优势，在没有人工干预的前提下，养蚕期就能从每年的3月初一直持续到10月底，比起长三角地区多了3个月。

"家有三亩桑，脱贫致富奔小康。"桑蚕产业因其具有"短、平、快"的优势，逐渐成为广西大石山区、贫困地区脱贫的首选产业。

广西种桑养蚕，比东部蚕区年产茧批次多，出茧早，一年可比东部蚕区多养三四期蚕。亩桑产量及产值均达全国先进水平，亩桑产茧量比全国平均水平高出近1倍。在西部蚕区中，广西脱颖而出，一跃成为举国瞩目的桑蚕大省（区）。

广西的桑蚕业通过不断地迭代更新育种，改良从江浙地区引进的家蚕和桑树品种，使之适应广西较湿热的气候环境，成功加快了"东桑西移"在广西实施的步伐。桑蚕业在广西已实现质的飞跃，走上了集约化、专业化的道路。

从2005年开始，广西一直保持蚕茧产量全国第一的地位。宜州、象州、忻（xīn）城、横州、宾阳、柳城、环江、鹿寨8个县（区、市）蚕茧产量排在全国10强县之列，其中河池市宜州区桑蚕生产规模已连续10多年保持全国县域第一，成为助推该区乡村振兴的"主引擎"。

桑蚕产业不仅是我国具有深厚历史文化底蕴的传统优势产业，随着现代数字印花技术的应用，极大减少了传统印染环节对环境的影响，桑蚕产业也成为21世纪

收获蚕茧（谭凯兴 摄）

低碳绿色可持续发展的特色民生产业。自 20 世纪 70 年代以来，我国一直是世界上最大的茧丝生产国和茧丝绸商品出口国。近几年，我国茧、丝产量分别占世界总产量的 75% 和 85% 左右，可谓"世界桑蚕看中国"。

"中国桑蚕看广西"。2022 年，广西蚕茧总产量 43.71 万吨，约占全国蚕茧总产量的 59.16%，连续 18 年位居全国第一，蚕农售茧收入达 206.79 亿元，连续 2 年超 200 亿元。种桑养蚕已成为乡村振兴的致富产业。中国古代农耕文化中阡陌桑园、蝉鸣桑林的诗意画卷，在广袤的喀斯特山区再次呈现，我们又可以"开轩面场圃，把酒话桑麻"了。

花生：岭南人称为豆魁

多数学者认为，花生和许多物种一样起源于美洲。但 20 世纪五六十年代之后，考古有了新发现，中国也可能是花生原产地之一。2007 年 10 月 3 日，新华社发布一条消息称，陕西汉阳陵出土了中国目前发现最早的花生。这 20 多粒花生已埋在地下 2100 多年。此次考古发现，把我国花生的历史提前了 1500 多年，即由明代提前到西汉时期。

广西何时开始种植花生，虽无明确记载，但根据一些清代广西的州府县志记载，花生传入广西已有 250 多年的历史。广西种植花生的文字记载，最早见于清乾隆版《梧州府志》："又有落花生，蔓生，荚结。岭南人称为豆魁。"清嘉庆版《全州志》记载："落花生，俗名人参豆，花落土中始生。"

花生俗称人参豆，又名长生果、落花参等，具有悦脾和胃、润肺化痰、滋养调气、养身益寿等功效，是一种营养价值很高的食物，深受人们喜爱。当花生传至广西后，各地均广为种植。

清道光年间，花生被博白当地农民称为地豆或番豆，因产量高，种得也多，是当地农民除种稻谷外的主要经济来源；在容县，花生在当地农民口中，称为落花生，主要在一些高地种植，秋天掘取，去壳榨油；郁林（今玉林市）地区，农民的主要收入之一就是种花生榨油。

　　花生适应性较强，对土壤水肥条件要求不高，且喜高温，不耐霜，广西的气候特点非常适宜花生的生长，而且广西大多数地区都可实行花生二熟制。花生的种植技术也简单粗放，旱地多数不起畦，只用犁开沟，然后点播，有的地方甚至带壳点播。因此，清代时花生种植已遍及广西。

花生植株（引自朱华、戴忠华《中国壮药图鉴》）

花生

广西解放前，所产花生品种主要有珍珠花生、小花生、大花生三种。珍珠花生为丛生，早熟丰产，耐旱，出仁率 70%，最为香美可口，广西各县均有种植；小花生荚果长，仁多味厚，含油亦多；大花生粒虽略大，但仁少，香味略薄。

目前，广西花生的主要种植品种是广西农业科学院经济作物研究所精心选育的"桂花系列"，如天然富硒黑衣鲜食花生"桂花黑 1 号"、红衣花生"桂花红 198"、高油酸花生"桂花 37"等特色花生新品种。种植户说，种"桂花黑 1 号"，收购价比普通品种高出 1 倍，每亩收入可达 4000 元，1 亩地能种出 2 亩地的收成。

2021 年，广西花生播种面积约 340 万亩，约占全国花生播种面积的 4.7%；花生总产量约 71 万吨，约占全国花生总产量的 3.9%。这个数值看似不大，但无论是花生的播种面积，还是产量，都已经进入了全国前十名。

油菜：利用红壤的先锋作物

一般认为，油菜的起源地有三个：白菜型油菜和芥菜型油菜主要起源于中国和印度，甘蓝型油菜起源于欧洲。

油菜是我国主要油料作物和蜜源作物之一，最早记载见于东汉时服虔的《通俗文》："芸苔谓之胡菜。""油菜"之名，始见于宋代苏颂等编著的《图经本草》。李时珍在《本草纲目》中说："芸苔，方药多用，诸家注亦不明，

绽放的油菜花（谢艺文　摄）

今人不识为何菜，珍访考之，乃今油菜也。"

广西最早栽种油菜，仅作蔬菜用。清雍正版《广西通志》记载："苔心菜，俗名油菜，味与江南不殊，而气候差别，每秋九月即采食，讫春三月乃已。"清道光版《庆远府志》（庆远府在今河池市宜州区）中有"油菜籽"的记载。清光绪版《天河县乡土志》（天河县为今罗城仫佬族自治县）记载："油菜籽，十月种，次年二、三月收采其子，岁产约五十万斤。"

广西解放后，所种植油菜分为白菜型、芥菜型、甘蓝型三种。白菜型，植株矮小，主要品种有容县的大坡油菜、岑溪的三堡油菜；芥菜型，也称大油菜，株型高大，花色鲜黄，但含油量低，主要在博白种植；甘蓝型，株型中等，含油量较高，在 40% 以上，主要在桂林、河池等地种植。

改革开放 40 多年来，广西油菜播种面积最大的年份是 1997 年，播种面积约 200 万亩，油菜籽产量 12.3 万吨。后来，受进口油料冲击，油菜的经济价值变小，农民种植油菜的积极性大减，全国油菜播种面积连年缩减。到了 2021 年，广西油菜播种面积只剩下约 53 万亩，油菜籽产量仅 3.36 万吨。因大规模进口油菜籽，广西本地的油菜籽失去竞争优势。在此大背景下，广西的油菜种植也面临转型问题。

广西是我国南方红壤分布区域之一，具有红壤类型多、面积大、分布广的特点。红壤酸性重，缺乏有机质，肥力低，多数作物的生长与产量并不理想。而油菜，正是培肥地力、轮作换茬的先锋作物。广西的油菜通常作为粮食作物的间种、混种、套种物种。

　　近年来，广西各地纷纷推广"稻—稻—油"轮作模式，充分盘活冬闲田，引导农户种植油菜、打造田园花海美景，推进生态农业发展。这种方式不仅可以养地，还可以吸引游客前来旅游进而增加收入，把"冬闲田"变成"增收田"。眼下，黄色油菜花田已成为广西乡村旅游的一道亮丽风景线。

　　2022年，广西开始在20多个县（市）布点试种彩色油菜花。2023年，彩色油菜花已遍布八桂大地，白的、粉的、紫的、橙的……虽不如金黄色耀眼夺目，却带给人另一种新奇的视觉感受。随着游客对于乡村旅游体验要求的不断提升，具有更高观赏性的彩色油菜花或有望继续丰富农旅融合内容，发展成新的"风向标"。

乐业油菜花田（谢艺文　摄）

芝麻：一饭胡麻度几春

　　"叩齿焚香出世尘，斋坛鸣磬步虚人。百花仙酝能留客，一饭胡麻度几春。"这首七言绝句，乃是唐代诗人王昌龄写的一首养生诗，叫《题朱炼师山房》。诗中的"胡麻"，即芝麻。

　　芝麻是我国传统的优质油料作物，也是世界上广泛

芝麻总是从下往上逐步开花，由此衍生出"芝麻开花节节高"的谚语，形容人们生活步步高升，越过越好（田稚珩　绘制）

芝麻收割后需要暴晒，等蒴果裂开，用木棒轻敲茎秆，就可以收获芝麻了（田稚珩　绘制）

种植的六大油料作物之一。关于芝麻的起源地，目前尚无定论。有学者认为芝麻原产于非洲，因为撒哈拉以南的非洲广泛分布着芝麻属物种，且大多数芝麻属物种仅分布于非洲；根据考古发现，也有学者认为芝麻原产于印度。

在我国，一般认为芝麻是张骞出使西域从大宛引进的，因此古时称芝麻为胡麻。但此说法疑点很多，且缺乏考古证据。目前我国确信的芝麻考古证据来自新疆吐鲁番地区柏孜克里克千佛洞发现的一批距今约 700 年的芝麻籽粒，经鉴定为白芝麻，这为我国古代栽培和利用芝麻提供了确凿证据。

广西栽培芝麻历史悠久，在长期的种植过程中形成了丰富的种质资源并产生了不同的区域类型，具有一定的分布趋向。

从芝麻颜色上来看，黑芝麻种植面积最大，白芝麻分布虽广，但种植面积不大，其他杂色芝麻也都少有种植。

从芝麻品种上来看，分枝型品种较多。分枝型品种具有适应性广、抗逆性强等特性，多分布于山区、丘陵坡地；而土壤疏松、肥力高、保水性好的河谷盆地地带，以单秆型品种为主。

从区域分布上来看，广西中部和北部一年单熟地区，以种植单秆型品种为主（单秆型品种生育期长、较晚熟）；而广西南部一年多熟地区，则种植生育期短、较早熟的分枝型品种。

20 世纪 30 年代，芝麻已经成为广西主要油料作物之一。中华人民共和国成立后，广西芝麻种植面积有所扩大，常年种植面积在 25 万～30 万亩。其中，1965

芝麻

年种植面积最大，达 53.81 万亩，但产量并不高，亩产仅 12.82 千克。此后，广西芝麻种植面积整体呈下降趋势，但亩产量却在不断增加。至 2021 年，广西芝麻种植面积为 4.44 万亩，而亩产达到 258.13 千克，位居全国第一。

广西栽培的芝麻，主要用途可分为两大类：一是榨油，即芝麻香油，油质清澈，气味芳香，是传统食用油；二是保健用，主要是制成黑芝麻糊、芝麻酱等产品。2013 年，容县荣获"中国长寿之乡"称号。虽然得天独厚的自然环境是容县人健康长寿的重要原因，但是爱吃黑芝麻也为容县人的长寿加分不少。

说到黑芝麻，很多人的记忆里还有着"一股浓香，一缕温暖。饿了，南方黑芝麻糊"的广告语。作为广西最早崛起的领军性食品品牌，南方黑芝麻集团伴随着改革开放及市场经济的探索进程，从偏居一隅的广西容县，发展成为一个全国性的知名品牌。广西芝麻产业也基本形成了以龙头企业为引领，有效带动区域经济发展的局面，强势助力乡村振兴。

（杨忠平　摄）

南方古茶慰苍生

　　茶叶，古老东方文化的标志性符号。小小一叶茶，凝聚着中国人民的智慧，也积淀着千百年来的中华优秀传统文化。

　　广西是中国最适宜茶树生长的地区之一。考古发现，至少在晚渐新世（距今2800万—2350万年）山茶属植物就已在广西的地界上出现，这为论证广西是茶树植物的起源地提供了依据。

　　广西是中国重点茶区之一，茶产业是广西传统优势特色产业、绿色生态产业、乡村振兴产业。广西有多个茶叶产区，主产黑茶（六堡茶）、绿茶、红茶、白茶等四大传统茶类，再加工茶类花茶（茉莉花茶、桂花茶）及各类特色代用茶（广西虫茶、广西甜茶、绞股蓝茶、苦丁茶、藤茶、石崖茶等）。

六堡茶：西江一片叶

六堡茶与云南普洱茶、湖南安化黑茶齐名，同享"中国三大黑茶"美誉。六堡茶的原产地是广西梧州市苍梧县六堡镇。"六堡"之名，源于古代保甲制度。清同治版《苍梧县志》记载，浔江以北设六个乡，乡下面再设堡。其中有多贤乡，下面分设六个堡，而产茶的那个山村，就属于第六堡，茶以地名，故称六堡茶。

虽然清同治年间才有了"六堡"地名，但是六堡茶的生产历史更为久远。现存苍梧县博物馆的一张清康熙三十二年（1693 年）绘制的地图，在今六堡镇的位置，很清楚地标注了"茶亭"二字，而茶亭是古代茶叶收购点。可见，苍梧山村在当时已是远近闻名的茶叶集散地，可以想象，当年六堡各村的茶农们采茶、制茶、卖茶的忙碌情景。

六堡镇的山中，至今仍保留着大量古茶树。农业考古专家在六堡茶原产地一带考察，曾发现几棵千年野生古茶树。在周边的深山老林里，特别是不倚村、四柳村、高枧村、塘平村等一些偏远的山村附近，发现直径达 10 ～ 20 厘米的老茶树有 30 多棵，其中树龄 500 ～ 700 年的有数棵。

六堡镇地处桂东地区，属大桂山脉的延伸地带，境内群山起伏，山雾缭绕，最高峰海拔在 1000 米左右。土壤多为酸性，土质疏松且良好，以黏壤土和砂壤土为主。独特的地理条件和优良土壤为茶树生长提供了理想的生态环境。茶树多种植在山腰或峡谷，距村庄 3 ～ 10 千米。

历史上的六堡茶有哪些品种？滋味如何？产量如

六堡野生古茶树（引自于春燕《六堡韵 中国红》）

六堡镇双贵茶园（梁直 摄）

何？志书记载大多片言只语。民国时期《广西大学周刊》发表的苏宏汉的一份调查报告《苍梧六堡茶叶之调查》则比较详细。报告中记载："查苍梧最大之出品，且为特产者，首推六堡之茶叶，就其六堡一区而言（五堡、四堡俱有出茶但不及六堡之多）每年出口者，产额总在六十万担以上。"

当时六堡各村都产茶，但品质各有不同，主要有恭州村茶、黑石村茶、罗笛村茶、漓涌村茶、蚕村茶等品种。最上等者，为恭州村茶。恭州村即今不倚村，地处高寒地带，茶树多为原种红色紫芽小叶灌木种，是整个六堡茶山中出产红色紫芽茶最多的地方。其次为黑石村茶。黑石村的山俱为黑石与泥所组成，常有溪涧之水流过，因此茶树的水分足，茶叶厚且嫩，但细小，味道略逊于恭州村茶。

很长一段时间里，六堡茶在国内的名气远不如普洱茶等其他黑茶，但在马来西亚等地却声名远播，如雷贯耳。民国初年，成千上万的华人"下南洋"讨生活。1920—1940 年，两广地区"下南洋"的移民超过 300 万人。多数人前往马来西亚的槟城、怡保等地从事开采锡矿、割胶等苦力劳动。

矿山和橡胶园里的高强度苦力劳动，使很多华工患上中暑、痢疾、风湿等各种风土病。没想到的是，当初并不起眼的六堡茶在这时候发挥了大作用。六堡茶具有解暑祛热、祛湿排毒、调理肠胃等功效。华工几碗六堡茶灌下去，顿觉神清气爽。一时间，六堡茶声名鹊起，受到了众多华工青睐。他们把六堡茶当作"思乡的慰藉"和"保命的良药"，每天都喝。

除了马来西亚，新加坡、印度尼西亚等国家对六堡茶的需求量也日益增大。产自苍梧山野的六堡茶就这样漂洋过海，一条从六堡镇到南洋的"茶船古道"就此形成。

六堡茶采一芽二三叶，经采青、萎凋、杀青、揉捻、渥堆、烘焙、复揉、干燥、陈化制成。分特级、一至六级。其汤色明净，酷似琥珀，香气醇陈，有槟榔香，其特点是越陈越佳。为便于存放，茶厂将六堡茶压制成圆柱形状。

今日的六堡茶产业已实现历史性飞跃。至 2022 年底，梧州市共有茶园 22.49 万亩，年产六堡茶 3 万吨，综合产值约 160 亿元。2022 年，梧州六堡茶公用品牌价值达 37.64 亿元，被评为"2022 中国茶叶最具品牌传播力品牌"。目前，梧州市正大力推动六堡茶产业深度融入"一带一路"共建发展，拓展升级海外市场，不断把梧州六堡茶推向更广阔的国内、国际市场。

六堡茶具有"红、浓、陈、醇"的特点（引自梧州中茶茶业有限公司《中茶窖藏六堡茶图谱》）

桂平西山茶：乳泉煮茗

寺院里的僧人，不是只会念经，劳作也是他们的修行方式之一。在中国名茶中，有一些特殊的茶便来源于佛门圣地，桂平西山茶便是其中翘楚。

西山茶是广西传统名绿茶之一，因产于广西桂平市佛教圣地西山而得名，相传是由西山僧尼选育而成。它起源于唐代，至明代，随着西山佛教文化的兴盛，西山茶作为僧尼日常必需的馈赠礼品，在粤、湘、桂等地广为流传，享有盛誉。到了清代，西山茶的发展进入鼎盛时期，被列为全国名茶，选为贡品。清光绪版《浔州府志》载："西山茶以嫩、翠、香、鲜为特色。"

关于西山茶还有一个美丽的传说：有两位仙人到棋盘石上避暑，一人执茶杯，一人持水杯对弈。两人赌棋，持茶杯的仙人赌输了，便把手中的茶水洒向西山，茶水落地生根变成了茶种；持水杯的仙人也将仙水一抛，杯中水落地变成了泉眼，汩汩泉水冒出白似乳。于是便有了西山茶与乳泉井的茶饮搭档。

北回归线穿过桂平，带来南亚热带的阳光和雨水。特殊的地理环境，造就了桂平西山"夏凉秋热，冬暖春寒"的特殊气候。茶树是喜阴植物，太过于强烈的直射光并不适合它们的生长，而西山上那些石头、崖壁、古

树送来的散射光，让西山茶的芳香物质含量和内含物种类增多，茶叶生长得更为肥嫩。

　　制作西山茶的茶叶，只选一芽一叶或一芽两叶，长度不超过4厘米。采摘回来的叶芽经过传统的六道工序——摊青、杀青、炒揉、炒条、烘焙、复烘处理，炒制出来的茶叶条索紧细、苗峰显露。配合桂平西山独有的乳泉井水冲泡，茶色青黛，汤液碧绿，气味芬芳，滋味醇和，回甘鲜爽，饮后齿颊留香，是公认的绿茶中的精品。

西山茶园（引自徐强《桂平西山》）

西山茶叶（引自徐强《桂平西山》）

　　1952 年，巨赞法师将时任西山洗石庵住持宽能法师精心挑选的上好西山茶，转送给毛泽东主席品尝。西山茶独特的味道得到了毛主席的连声称赞，称其为"好茶，可与龙井媲美"，并鼓励"广种名茶，发展生产"，同时让办公室工作人员复函道谢。1955 年和 1961 年，宽能法师先后两次精心挑选上乘的优质茶叶送给毛主席，并汇报了西山茶开始出口东南亚各国的盛况。2010年，西山茶成为国家地理标志保护产品；2017 年，桂平西山茶入选中欧地理标志产品互认互保名录；2021 年，桂平西山茶制作技艺入选第八批广西壮族自治区非物质文化遗产代表性项目名录。

　　近年来，桂平市因地制宜，把茶产业与实施乡村振兴战略紧密结合，着力将"小茶叶"培育成助推农民增收的"大产业"。2022 年初，桂平市茶叶种植面积 1.67万亩，年产量 613 吨，有茶叶加工企业 50 多家。

覃塘毛尖：绿野清泉满座春

　　贵港产茶叶，自古有之。贵港，古称贵县，唐时称贵州。民国版《贵县志》中记载"唐贵州牧教植茶树，土人赖之"；在介绍当地土特产时又载"龙山茶，北山里产，有山茶、园篱茶之别""阿婆茶，一名六花茶……怀西、怀北各里产"，说明贵港人种茶、饮茶风气由来已久。

　　历史绵延，茶香依旧，时间来到 20 世纪 70 年代，因为一个人的参与，贵港茶迎来了重要转折。

　　覃塘供销社一位韦姓茶艺师因茶成痴，被委以重任，担任松柏山茶场场长，由此开始了他的寻茶之旅。

　　他翻山越岭，最先来到广西隔壁的植物大省云南，引进云南白毫，精心栽种。然而，事与愿违，云南白毫在覃塘水土不服，生长并不理想。接着，他又千里迢迢去到福建，引进福鼎大白茶种在茶场，小心看护。功夫不负有心人，福鼎白茶树苗在覃塘安家落户，并吸收了这片土地的灵气，炼成绿茶中的精品。"覃塘毛尖"横空出世。

　　覃塘境内地平多池水，山峦起伏有丘陵，是块风水宝地。在镇龙山、平天山山脉海拔 500～700 米的地带，发现有较集中分布的野生茶树 700 多亩，其中树龄在百年以上的野生茶树 150 株。

每年初春时节，茶农上山，进行人工采摘。采茶需用指腹采不能用指甲掐，只见茶农手指翻飞就采下了茶树顶上一芽一叶或一芽两叶、长度不超过 4 厘米的嫩芽，保证了后期茶叶的鲜嫩度，以及形状和长短统一。

加工技艺是茶叶品质形成的关键。覃塘毛尖是绿茶，要经过杀青、清风、揉捻、理条、烘干、筛选、复香等工序处理。其中，高温杀青是保证毛尖茶色泽翠绿的关键技术；理条、复香是毛尖茶成形和增香的重要工序。最后得到"外形条索肥嫩紧结，白毫显露，色泽灰绿光润；内质汤色黄绿清澈，香气清高持久，滋味浓厚回甘"的覃塘毛尖，在广西一众茶中脱颖而出，走出广西，被评为全国名茶。

近年来，贵港市覃塘区党委、政府坚持把覃塘毛尖作为富民强区的主导产业，强政策扶持、强科技支撑、

覃塘毛尖叶芽（建禄茶场 供图）

强品牌培育、强茶旅融合，覃塘区茶产业规模、质量和效益显著提升。覃塘毛尖先后获得国家农产品地理标志登记保护，入选第二批中欧地理标志协定互认清单、广西农产品区域公用品牌。覃塘毛尖从一片茶叶逐渐发展成为万亩产业，是当地人民发家致富的"致富茶"。2023 年初，覃塘区茶园种植面积已达 6 万亩，年产干茶 2500 吨，年产值超 15 亿元；发展了 20 多家有一定规模的茶企业，形成了区域范围内具有较强竞争力的驰名茶叶品牌。

　　后起之秀的覃塘毛尖，以一己之力打破了"有历史才是好茶"的偏见，凭借优质的原叶，扎实的制作工艺，过硬的好味道，名扬天下。

覃塘毛尖生茶（建禄茶场　供图）

覃塘毛尖茶园（蒙城 摄）

横州茉莉花茶：春意绵长

说到茉莉花，大家首先想到的可能就是那首享誉全球的民歌："好一朵美丽的茉莉花，芬芳美丽满枝桠，又香又白人人夸。"

茉莉花原产于印度，现在世界各地皆有种植，大多集中在地中海沿岸以及东南亚地区。它从西域传入我国，却在福州大放异彩。明代福州知府陈奎有诗写茉莉云："异域移来种可夸，爱馨何独鬓云斜，幽斋数朵香时泌，文思诗怀妙变花。"福州成为世界茉莉花茶的发源地，从此这世间便有了"一杯可以闻见春天气息的茶"。

《本草纲目拾遗》载茉莉花"气香味淡，其气上能透顶，下至小腹，解胸中一切陈腐之气"。即是说，茉莉花的香味让人心情舒畅，具有理气开郁、辟秽和中、舒缓安神的功效，这也是现代医学将茉莉花用于芳香疗法的基础。

茉莉花具有消炎解毒的作用，对胃病引起的恶心、食欲不振等有非常好的效果，因此常饮茉莉花茶可以平肝解郁、祛痰治痢。茉莉花还可美容养颜，连慈禧太后都是茉莉花茶的忠实粉丝，这让茉莉花茶成了清代贡茶之一。

茉莉花茶起源于福州，却盛于广西横州。目前，横

洁白芬芳的茉莉花（田稚珩　绘制）

州茉莉花和茉莉花茶产量均占全国总产量的80％以上，占世界总产量的60％以上，是中国茉莉花最大的产区。

茉莉花传入广西，已有几百年的历史。明代横州州判王济在《君子堂日询手镜》中载，横州"茉莉花甚广，有以之编篱者，四时常花"。

横州市校椅镇石井村中华茉莉园万亩花海（崔强 摄）

茉莉花的花期一般在5—8月，但因横州气候适宜，茉莉花开花早，花期长，可从4月一直开到10月，而且花蕾大、产量高、质量好、香味浓，优势明显。

茉莉花的香味决定茉莉花茶的品质。在制作茉莉花茶前，采摘茉莉花也有讲究，须成熟但未破蕾的茉莉花方能用于茉莉花茶的窨（xūn）制。

由于茉莉花具有夜晚吐香的特点，茶厂的制茶师通常在夜里进行茉莉花茶的制作。为了避免还散发着生机的新鲜茉莉花蕾堆放过热，还要对鲜花进行摊铺晾晒处理。到了晚上，在茉莉花吐香的时候，熟练的制茶师将新鲜的茉莉花与提前准备好的绿茶茶坯混合在一起，利用茶坯吸香的特点，将茉莉花的香气尽情地吸入到茶坯中，这个过程便是茉莉花茶的窨制。

用新鲜茉莉花"熏"茶坯，次数的多寡决定茉莉花茶的香气持久度，这便是茉莉花茶品质高低的关键所在。最后，将茉莉花筛出，只取茶叶，这便是茉莉花茶，没有茉莉花的茉莉花茶。

"全球10朵茉莉花，6朵来自广西横州。"2022年，横州市茉莉花种植面积约12万亩，年产茉莉鲜花约10万吨，有130多家花茶企业，其中规模以上企业29家，年产茉莉花茶8万吨，茉莉花（茶）产业综合年产值达143.8亿元。

古老的横州，已享有"世界茉莉花都""中国茉莉之乡"的美誉。每年夏天，这里都要举办隆重的"中国国际茉莉花文化节"。茶厂林立的横州，满城茉莉香。横州是如此独特，茶香与花香交融。

凌云白毫：云雾茶山十万亩

　　凌云县种植茶树已有300多年的历史。据说，凌云白毫茶的茶树是黑茶、红茶、绿茶、青茶、黄茶、白茶这六大茶类都能制作的全能型茶树种。

　　鱼可以有百味，茶也可以，但全能型的茶树不多。大多数茶叶讲究一树一茶，地理土质不同，便有一山一味，一树一茶之分。但凌云白毫茶的茶树不同，以其独特的"百变风格"获得"一茶千化"的美称。

　　凌云白毫茶，原名白毛茶，因叶背长满白色的毫毛而得名，核心产区在凌云县岑王老山、青龙山一带。

　　凌云县位于广西西北部，云贵高原东南麓（lù），这里一年四季云雾缭绕、水汽氤氲，适合茶树生长。凌云

凌云白毫茶芽

白毫茶树原本生长在荒野之中，是纯天然的野生树种。人们将树种带回进行人工栽培，将高大的茶树矮化，择优栽种，一代传一代，最后形成了叶质柔软，喜漫射光的凌云白毫茶树。1964年，人们在凌云县玉洪区（今玉洪瑶族乡）双谋村枫香坪发现一片野生茶树，其中最大的一株茶树高996厘米，树冠宽638厘米，叶长13.3厘米、宽4.7厘米。直到2003年，在岑王老山、青龙山一带，沙里瑶族乡浪伏村，力洪瑶族乡那力村，玉洪瑶族乡九江村、盘贤村仍保留着野生茶树林。

白毫密布、嫩度高的凌云白毫茶树原叶经过精心制作后，便得到"外形条索紧结，白毫显露，形似银针"的凌云白毫茶。

凌云白毫茶以"色润、毫多、香高、味醇、耐泡"等五大特色而成为我国名茶中的新秀，已成功开发出绿茶、红茶、青茶、白茶、黄茶、黑茶六大茶类的20多个系列产品，产品曾多次在国内外茶叶行业评比中获金奖。

茶叶的冲泡方式也是影响口感的重要因素之一。凌云白毫茶的冲泡方式采用传统的绿茶冲泡手法，但又略有不同。由于凌云白毫茶在制作过程中未经过揉捻，一层白白的毫毛隔绝了水珠的浸入，所以茶汁不容易浸出，冲泡时间需要适当延长。茶叶入水后要经过五六分钟的滋润过程，茶芽吸入足够的水后才会慢慢沉底，但要适口，须等待10分钟左右才能品尝到白毫茶的本味。

在文人雅士的加持下，凌云白毫茶整个冲泡过程就是诗歌与茶艺的结合，创造出了凌云白毫茶独有的八步冲泡法，由八位诗人的诗组成。据说，凌云白毫茶由此

凌云白毫茶

被认为是最适合用于茶艺表演的茶，这套茶艺也被称为"文士茶茶艺"，流程如下。

一焚香：天香生虚空（唐·李白）。二鉴茶：万有一何小（南朝陈·江总）。三涤器：空山新雨后（唐·王维）。四投茶：花落知多少（唐·孟浩然）。五冲水：泉声满空谷（宋·欧阳修）。六赏茶：池塘生春草（南朝宋·谢灵运）。七闻香：谁解助茶香（唐·皎然）。八品茶：努力自研考（唐·王梵志）。

凌云还在泗水河畔 4 米高的基座上建造了一组巨型喷泉雕塑——天下第一壶。这其实是一壶二杯的雕塑，壶由钢板铸成，直径 13.8 米，高 8.18 米，重 6.8 吨；茶杯直径 3.18 米，高 1.98 米。每当打开喷头，大壶中的出水口便有水柱顷刻而出，流入杯中，错落的茶杯形成叠泉的样子，彰显着凌云县茶叶之乡的底蕴。

1984 年，凌云白毫茶被全国优良茶树品种审定委员会认定为第一批 30 个国家级茶树良种之一；1992 年，凌云白毫茶被载入《中国茶经》，是广西第一个被认定的国家级茶树良种；2005 年，凌云白毫茶成为国家地理标志保护产品。

云中仙，雾中茶，茶山深处有人家。凌云的十万亩茶山，是勤劳的凌云人一锄一锄地挖出来，一梯一梯垄成的。一片叶子带动一个县城的产业。凌云县拥有茶园面积 11.2 万亩，2022 年干茶产量 7836 吨，产值 6.82 亿元，茶叶均价 87.1 元／千克。眼下，在全面推进乡村振兴的道路上，凌云县不仅自身壮大茶产业，还直接或间接地带动周边的乐业、西林等县组团发展。

三江茶：中国早春第一茶

古人说，"春江水暖鸭先知"；但是茶人们说，"春息早醒茶先知"。得益于地理环境优势，三江侗族自治县的茶叶开采期，比中国其他茶区要早 20 天左右。

三江早春茶从原本的默默无闻到现在的闻名全国，也不过是几年的时间。每年定期在三江举办的三江早春茶开采仪式，奠定了三江茶在中国茶业界的地位。

在茶业界，素有"一两春茶一两金"的说法。为什么这么说呢？

经冬的茶树把秋冬的精华都倾注在那叶片里，将维生素、氨基酸、儿茶素、茶多酚等，用肥肥的、厚厚的"芽躯"承载着，使得早春茶所含的营养物质有别于其他时段的茶叶，显得特别金贵。

北方冬天的余雪尚在，全国其他地方乍暖还寒的时候，南方的广西三江冰雪已经开始消融，高寒地区的三江茶园已经闻到了春的气息。经过一个冬天的休养生息，三江茶树已经蓄势待发，用饱含了整个冬天的营养物质和生命的力量撑破鳞片，露出芽头，开始萌生出第一片"胎叶"。这片小叶子在茶树栽培上的学名称为"鱼叶"，有一片或者两三片。鱼叶多出现在早春茶上，夏秋茶梢基本无鱼叶。但鱼叶还不算真正的茶叶，只有等到芽叶

三江茶芽（谭凯兴 摄）

渐渐长开，形成一芽一叶或一芽两叶时才能开始用来制作三江茶。

早春茶采摘时间极短。从胎叶撑破鳞片到发芽，需要 10～15 天，因温度和阳光的变化而有所不同。因每天都有不同的茶叶长出，要想在最佳时间内采摘到最好的嫩芽，时间极其有限。茶农说"早采三天是宝，晚采三天是草"，可见这早春茶的采摘时间有多苛刻。自古"物以稀为贵"，这也是早春茶价格高昂的原因之一。

三江侗族自治县位于广西北部，处于北纬 25°21′～26°03′，这一纬度是国际上公认的"黄金产茶区"。"高山出好茶"是茶人的经验总结，三江侗族自治县最高海拔 1419 米，平均海拔 300 多米。三江有着悠久的种茶和饮茶历史，三江茶在唐代已有生产，人工栽培茶树已有 1000 多年的历史，并已形成自己独特的饮茶文化。三江侗族同胞一直保持"打油茶"的饮茶传统。

中国工程院院士、茶叶植保专家陈宗懋（mào）考察三江茶叶后得出结论——三江早春茶比其他茶产区早20 天左右，是中国第一早春茶。

三江早春茶一般指绿茶，茶味春鲜，茶汤色泽绿亮、香味幽兰、口感清甜。三江不只产绿茶，还有红茶。三江红茶汤色红亮、蜜香浓强、滋味醇厚甘爽。

2012 年，三江侗族自治县先后荣获"中国名茶之乡""全国十大生态产茶县"等称号。2012 年，三江茶成为国家地理标志保护产品。2022 年，三江茶叶种植面积达 21.5 万亩，年产值达 25 亿元。茶叶经济逐渐成为三江经济的发展"引擎"，片片绿叶织就当代三江春居图。

三江茶田（杨忠平　摄）

（梁永延 摄）

苍莽林野，生态万象

近年来，广西全力打造万亿林业产业，深入实施国家储备林高质量发展"双千"计划，全区人工林面积 1.34 亿亩，约占全国人工林面积的十分之一，活立木蓄积量 9.9 亿立方米；大力发展油茶等经济林，以约占全国 5% 的林地，生产出全国 11% 的油茶籽、40% 以上的木材及 90% 以上的八角、肉桂、松香等优质林产品，其中年产木材 3900 万立方米、油茶籽超 50 万吨。

广西已成为全国最大的国家储备林基地、最重要的林化产品生产基地、重要的油茶生产基地，为保障国家战略资源安全做出了突出贡献。

微信 / 抖音扫码

油茶：广西的"绿色油库"

油茶是我国特有的木本油料植物，种植历史悠久，与油橄榄、油棕、椰子（椰肉晒干磨碎可榨油）并称世界四大木本油料植物。但直至宋代，古籍中都没有关于用油茶榨油的记载。大约从元代后期开始，才有人取油茶果榨油，而人工育苗栽培油茶则始于明代后期。明代徐光启在《农政全书》中，首次对油茶产地、性状与用途作了系统、全面的阐述。但到此时，油茶名称仍未统一。徐光启在书中称油茶为"楂"，此前的文献中也有过"楂""茶""山茶""木子""贞木"等名称，然而它们是否指油茶，仍有争论。

油茶属山茶科的一种小乔木或灌木，又名茶子树，一次种植可多年收获油茶果，在我国南方的广东、广西、云南、江西、浙江和福建等地均有种植。油茶生长快，结实早，寿命长。在土壤、气候适宜的环境里，油茶栽种后三四年即开花结果，其中实生苗15年后开始进入盛果期，嫁接苗则五六年后进入盛果期，可连续结果百余年。在条件优越的一些地方，数百年、上千年的油茶老树仍能结果。

油茶是重要的木本油料。不同品种的油茶籽含油率不同，油茶籽榨出的油经过煎熬，分解出其中的肥皂草

油茶果（田稚珩　绘制）

素，即为可食用的茶油。茶油中不饱和脂肪酸含量高，而不饱和脂肪酸具有降低血脂中胆固醇的作用。医学研究认为，动脉硬化与食用油脂中胆固醇含量有关，故食用茶油能够预防心血管硬化、血压增高。因此，茶油越来越受到人们的青睐。

　　油茶是广西传统的特色经济林树种，在广西种植分布很广，地方史志多有记载。清雍正版《广西通志》载，柳州府"茶油树，各州县出"。

　　广西三江、融安和龙胜属于茶油连片产区。20 世纪50 年代中期，广西在这三县建立了商品茶油基地，其中1957 年，茶油产量最高，达 633 万千克，占全区茶油总产量的 62.8%，向国家供应商品茶油近 500 万千克。

广西油茶中，曾经出现过两个令人骄傲的"明星"油茶品种。

一个是软枝油茶，产于岑溪市，因枝条柔软、下垂成弧形而得名。1991年，岑溪县（今岑溪市）软枝油茶种子园利用植物无性繁殖技术，不断筛选，培育出了两个高产品种：岑溪软枝油茶2号和岑溪软枝油茶3号。这两个高产品种树虽长得不高，但抗病虫害能力强，开花结果期比一般油茶提早2～3年，产量高1～3倍，种仁含油率高达51%，每100千克干茶籽多出2～3千克油，深受群众欢迎。岑溪软枝油茶2号、3号两个高产无性系选育于1992年获得林业部（今国家林业和草原局）科技进步奖三等奖等荣誉。2004年，岑溪软枝油茶被评为广西林木良种。

油茶林地（杨忠平　摄）

另一个是产于三江侗族自治县孟江沿岸的孟江油茶。这是一个著名的地方良种，产量高，树冠小，抗病虫害能力很强，耐寒耐旱，含油量高，平均种仁含油率最高时达 56.38%。

尽管如此，科技部门仍在对三江油茶树进行改良，不断选育新品种。至 2020 年，三江全县油茶林总面积达 61.7 万亩，产值达 4.52 亿元。

在国家实施木本油料发展战略的激励下，广西林业科研人员多方引进新种，大力选育良种，悉心培植优苗，新造油茶林已能实现"百分之百良种、百分之百大苗、百分之百花果苗"。

香花油茶是广西林业科学研究院于 2012 年发现的山茶属短柱茶新物种，出油量比其他品种多出一半甚至一倍。2022 年，横州市香花油茶示范基地亩产茶油达 121.6 千克，再度刷新全国油茶单产纪录。

近年来，广西油茶最高单产、平均亩产持续刷新纪录。三江油茶种植面积与产量均位居广西第一，在全国排在前列。三江侗族自治县也先后荣获"中国油茶之乡""国家油茶产业发展重点县"等称号。2017 年，三江茶油被列为国家地理标志保护产品。

在油茶种植面积超 850 万亩的基础上，广西实施油茶产业发展三年行动，努力实现"千万亩面积、千亿元产值"的工作目标。未来三年，广西将推动油茶种植规模迈上新台阶，油茶产业发展水平持续走在全国前列，油茶产业保障国家粮油安全和助力乡村振兴战略成效将更加凸显，并力争建成全国油茶产业高质量发展示范区。

金花茶：植物界大熊猫

金花茶，是与恐龙同时代，诞生于 1.7 万亿年前，第四纪冰川时代遗留下的"植物活化石"，与珙桐、银杉、桫椤等植物齐名，被列为国家一级重点保护野生植物、国家二级濒危保护植物，属于国宝级的原始山茶茶种，是我国明令禁止出口的植物。国内将金花茶誉为"植物界的大熊猫""茶族皇后"，国外则称之为"幻想中的黄色山茶"。

金花茶每年 11—12 月开花，花朵整体呈金黄色。在它们还是花苞时，圆滚滚的"体形"甚是可爱，像一颗颗小铃铛挂在枝条上。盛开的金茶花更为奇特，它们整体朝下开放，如杯状，又像盆状；花萼质感厚实，金

金花茶（陈镜宇　摄）

黄油亮；花瓣略有薄翼感，花蕊呈金黄色。在阳光照射下，整朵金茶花油润发亮，色泽金黄，形态高贵端庄，香气优雅，是自然界中唯一开金黄色花瓣的山茶，极具观赏价值，是世界珍稀观赏植物。

金花茶的发现颇具传奇色彩。

明代药圣李时珍在《本草纲目》中写道："山茶产南方……或云亦有黄色者。"意思是他也没见过，都是传说！他的这段话引来了世人的关注。因为山茶有红色、白色、粉色，当时世人从没见过金黄色的山茶。

因为这段话，从1843年起，一名英国"植物猎人"四次潜入中国寻找传说中的黄色山茶，直到去世也没找到。在他离世后近1个世纪，有很多"植物猎人"、探险家不停地继续寻找金花茶，仍然是一无所获。

直到1933年，金花茶才被我国植物学家左景列在广西十万大山附近发现。然而，由于当时日本入侵山海关，战争在即，此重大发现并没有引起反响。

1960年，金花茶再次在广西南宁坛洛乡（今坛洛镇）被发现，这一次轰动了世界；1965年，中国植物学家胡先骕教授因其色泽金黄而将其命名为"金花茶"。随后，广西天峨县、崇左市也发现了大批野生金花茶。广西成了名副其实的"金花茶的故乡"，其中又以防城港市和天峨县发现的为最。

为保护这一珍稀植物，研究其价值，我国于1995年在南宁市金花茶公园建立了全国乃至世界最大的金花茶基因库；在防城港市建立了世界上唯一的国家级金花茶自然保护区，汇集了自然界现有金花茶32种中的23种和7个变种中的5个变种，种类和品种居全国乃至世界第一。金花茶也是防城港市的市花。

金花茶是兼具药食两用性的植物，含有丰富的氨基酸、维生素等营养成分，以及茶多酚、茶多糖、皂苷类、黄酮类等多种功能活性物质，使得金花茶具有一定的抗氧化、抗炎、降血脂、抗癌等作用。

由于金花茶表面存有蜡质，金花茶的商业化使用最初只能从花中直接提取有益元素，后来，经茶人的不断努力及现代工艺的进步，采用冰干技术，完美保留其色泽和形态，形成我国茶叶中的新品类——金花茶。

作为全国最大的野生金花茶分布地，防城港市防城区素有"中国金花茶之乡"之称。利用自身独有的金花茶资源，防城区积极对金花茶进行人工种植及产品开发，以金花茶的叶和鲜花为原料成功研制出金花茶系列茶、口服液、饮料、护肤品等深加工产品近80种，先后获得全国有机茶产品认证证书，以及国家地理标志保护产品、国家级生态原产地保护产品等称号，并且畅销国内外市场。金花茶成了防城区的"致富花、增收叶"。

茶叶新品类——金花茶（吴业庆 摄）

银杏：秋来拾果满衣兜

　　银杏是我国特有的树种，别名白果树、公孙树，银杏科银杏属落叶大乔木，国家一级重点保护野生植物。银杏属于高大树种，但生长速度缓慢，由种子培育而成的树苗一般需要20年才开始结果。因此，古人云："公孙树，言公种而孙始得食。"

　　银杏是现存种子植物中最古老的孑遗种类，通俗地说，就是植物里的"活化石"，存活时间久远，在古生代及中生代极其繁盛，分布广泛，其中大部分因地质、气候变化而灭绝，只在中国存活1种，是我国特有珍贵树种。世界各国生长的银杏树，都是从中国"移民"过去的。郭沫若曾在《银杏》一文中称赞银杏为"东方圣者"和"中国人文的有生命的纪念塔"。

　　广西是我国银杏主要产区之一，是古老的"银杏之乡"。银杏的栽培历史已逾千年。早在宋代，南方的白果就已成为贡品，当时银杏的名字叫"鸭脚树"，因其扇形叶片似鸭掌而得名，入贡为皇室享用后方才更名，雅称"银杏"。至明万历年间，已有大量白果在市集上售卖。

　　广西银杏资源和白果产量及出口量仅次于江苏，位居全国第二。广西境内南起钦州，北至资源，东起梧州，西至西林，皆适宜银杏生长。

　　银杏在我国分布较广。广西兴安县与灵川县交界的海洋山一带，海拔 280 ～ 600 米，四季分明，雨量充沛，土壤肥沃，最宜银杏生长，故这里有成片成片的银杏林与古村落。

　　银杏通常在 4 月上旬或中旬开花，花呈穗状；夏季时，一串串青皮银杏果挂满枝头；初秋的银杏果微微泛黄，随着时令推进，其颜色也跟着变化，从淡黄色渐渐变成深黄色。

　　9 月下旬至 10 月上旬，银杏果成熟了，累累的硕果若无人采摘就会自然脱落，掉在地上。外面裹着的一层黄皮烂掉后，就成了白果。

　　10 月下旬至 11 月，银杏叶开始飘落。金黄色的叶子纷纷扬扬随风飘离枝头，铺成满地金黄。入冬之后，

挂满枝头的银杏果。并非所有银杏都可以结果，银杏是雌雄异株植物，只有雌株才能结果（引自黄瑞松《中国壮药原色鉴别图谱》）

金叶落尽，只留下苍老遒劲的枝干屹立寒风中，与凛冬对峙，展现顽强的生命力。

被誉为"天下银杏第一乡"的灵川县海洋乡约有100万株银杏树，其中树龄在百年以上的银杏树达1.7万株。当百万株银杏的叶子变成金黄色，并开始飘落时，该是怎样的盛景！

银杏不仅给人们带来了美的享受，银杏产业也成了海洋乡助农增收的重要载体和有效平台。每年，仅银杏节期间海洋乡的游客接待量便可突破100万人次，带动产业收入3000万元以上，让当地老百姓充分享受到了乡村振兴的发展成果。

银杏的种子——白果，还是一味中药材，具有化痰、止咳、利尿、补肺、通经的功效。秋天空气干燥，食用白果正好可以润肺生津。白果老鸭汤就是海洋乡的特色美食，不仅是当地老百姓最爱的滋补汤品，还深受游客喜爱。

满地金黄（罗劲松 摄）

桂花：清香不与群芳并

"宝树林中碧玉凉，秋风又送木樨黄。"深深浅浅的秋色里，总有一抹是属于桂花树的。

桂林桂林，桂花成林。桂花在桂林再寻常不过，大街小巷都有，房前屋后皆种。桂林全市种植有桂花树1200万株，仅市区就有20万株，整个桂林市区仿佛一个巨大的桂花公园，种植总面积达21万亩，位居全国前列；年采鲜桂花4000～10000吨，是全国最大的桂花产品集散地。

在桂林，人们可以沿着花香的指引，寻找桂花的踪迹。全市有121条道路种有桂花树，绿化道路长达127千米，形成了全国独有的"桂花长廊"。每到桂花时节，满城都飘散着桂花香。赏桂花对于桂林人而言，那是走出家门深呼吸便能实现的。

桂花在桂林的生长历史可追溯至约1万年前的新石器时代。在桂林市南郊的甑皮岩洞穴遗址中，考古人员曾发现了桂花的孢粉，这是世界上发现的最早的桂花遗存。如今，在桂林，仍存留着不少古桂花树。比如临桂区宛田瑶族乡楠木村（下楠木村）的古桂花，树高13.8米；雁山区柘木镇东开村的古桂花，树高17米；而平乐县同安镇仁塘小学内的古桂花，树围4.08

米，树高 11.79 米，冠幅 19 米，是广西现存围径最大的古桂花树。其实，在桂林七星区朝阳乡的唐家里村，曾有一棵树龄超过 1200 年的桂花树，树高约 15 米，树冠覆盖面积近 200 平方米，当地人称之为"桂花王"，是桂林市古树名木，还有专属编号——000079。这棵古老的桂花树虽只有"半边身"，但在秋天时却满树桂花，全村都能闻到花香。每到这时候，孩子们就来打桂花，怎么打也打不完。可惜的是，这棵"桂花王"在 2011 年枯萎了。

打桂花是桂林人的一种传统习俗。因为桂花花小，人工采摘效率低，所以人们选择用这种方法来采集桂花。打桂花是有技术要求的，不能打得太用力，以免损伤枝干；还要把握好时间，一般要抢在太阳出来之前采集，这时的桂花吸收了夜间露水，容易掉落，等太阳出来、水汽蒸发后，花瓣变轻盈，就不容易打落啦！在树下铺上一大块塑料布，随着竹竿击打树枝，一阵阵黄花雨落下来，不仅铺满了塑料布，连村民们头上身上也都是桂花。手工挑选的干桂花每千克能卖 100 ～ 150 元，可谓"天降黄金雨，粒粒都是钱"。

桂林自古便是中国五大桂花产区之一。虽然桂花在许多省份都有种植，但是桂林的桂花种类繁多，有金桂、银桂、丹桂、四季桂四大品种群共 80 多个品种。除了常见的品种，桂林的山上还生长着石山桂、狭叶桂等桂林独有的桂花品种。一般可以通过花色来大致分辨这四大桂花品种群，金色花为金桂，红色花为丹桂，白色花或者黄色花为银桂，不只在秋天开花的桂花就是四季桂。

到了桂花盛开的时节，桂花香味沁人心脾，桂花种

丹桂（程思　摄）

植户也忙着采收新鲜的桂花进行加工。临桂区是桂林桂花主产区之一，桂花种植面积约 10 万亩，已逐步形成了种植、采收、烘干、深加工的桂花产业链，产值达 2 亿元。如今桂花产业已成为乡村振兴新的发力点，小小的桂花成了"金饽饽"。桂花不仅给人以美的享受，还给人们带来了实实在在的收益。

桂林人还喜欢用桂花制作特色美食，桂花糕、桂花酥、桂花茶、桂花酒、桂花蜜……好像任何食物都可以加入桂花。

桂林人有多爱桂花呢？据不完全统计，桂林有 1400 多人取名"桂花"，其中有近百名是男性。桂林园林植物园就曾举办过多场特别的"桂花"聚会，主角并非园里的桂花，而是来自桂林各地名字中有"桂花"二字的市民。

叶密千层绿，花开万点黄。落在地上，也还是香尘一片。

金桂（程思 摄）

八角：终年花果不离枝

八角是我们非常熟悉的一种调味香料，俗称"八角茴香""大茴香"，北方人称为"大料"，在我国南方种植历史悠久，是珍贵的经济树种之一。八角的果实若齿轮状，多由8个果荚组成，"八角"之名也由此而来。

八角的果实多由8个果荚组成，偶有7个或9个甚至10个（田稚珩 绘制）

广西遍地种植八角。国家林业和草原局命名的"中国八角之乡"在广西可谓星罗棋布，德保、那坡、金秀、苍梧、宁明、藤县等地，都是八角之乡，其中大部分地区八角的种植面积超过 30 万亩。

据 1993 年出版的《玉林市志》载，1932 年，六万垦殖区成立，首次引进八角树。到如今，遗留下来 400 多株八角树，分布于六万林场河嵩分场第三苗圃山坳、水对冲等地。据林场老职工介绍，这批八角栽种时间为 1936—1937 年。也就是说，这 400 多株八角树，树龄至少 80 年。专家认为这是广西唯一的八角古树群，也是广西最大的八角古树林。此外，广西还有 22 棵登记在册的八角古树。

八角是树上结的果实。种八角看似简单，却要勤奋管理，最初一两年需要除草施肥，树才长得快。山区村屯一般都是水田少、山地多，有些农户的主要经济收入就源于种植八角。每年农历七八月，树上的八角成熟，家家户户都上山采摘八角，一直忙到农历九月才逐渐结束。霜降前后十多天，是采收八角的黄金时段，把握这个时机很重要。过早采，果实尚未成熟，水分多，晒干后不饱满，影响质量；过迟采，果实易散落到地上，霉烂变质。

藤县种植八角已有 100 多年的历史。当前，藤县通过实施八角低产改造，使八角鲜果产量从每亩 300 千克增至每亩 1450 千克，有力地拓宽了当地村民的致富路。藤县八角以古龙镇出产的大红八角最为有名。古龙镇现有八角林面积 16 万多亩，年产八角鲜果约 11 万吨，约占广西八角总产量的 11%，年产值达 25 亿元。

晾晒中的大红八角（蒙森 摄）

　　宁明县派阳山林场有着亚洲最大的八角林基因库。这里八角树漫山遍野，连绵十几千米的山岭几乎全被八角林覆盖，好似"八角王国"。这么大面积的八角林，除了产八角，还能不能发展别的产业呢？这不，派阳山林场利用连片的八角林搞起了养鸡产业，引导、带动周边群众在八角林下散养优质土鸡，成功打造了"八角香鸡"品牌，带动当地农民增收致富。八角香鸡在林中到处踩踏觅食的同时，还可以顺便"打理"林地，遍地鸡粪又可以滋养八角林，让八角树长得更加郁郁葱葱，可谓一举多得。

　　广西素有"世界八角之乡"的美称，同时也是我国八角主产区，八角种植面积达 600 万亩。近年来，广西八角干果年产量 6 万～ 15 万吨，在全国八角干果年总产量的占比基本维持在 80%～ 90%，年产值 40 亿～ 80亿元。八角产业是助推广西万亿元林业三年产业行动，以及助力乡村产业振兴和农民稳定增收的重要产业。

　　八角是药食同源物质，除了广泛用于食品调味领域，还广泛用作中药材。八角的果实与种子可以入药，具有温中散寒、理气止痛的功效；果实和枝叶可以提取八角茴香油，是制牙膏、香皂、香水、化妆品的重要原料。广西的香料香精中销售量最大的就是八角和肉桂，甚至出口到欧美、中东、东亚等地区。据史书记载，早在 200 多年前的乾隆年间，镇安府（今德保县）就有茴油出口法国的记载。当时称茴油为"天保茴油"，是法国香水生产厂家的抢手货，以至留下了"没有天保茴油，巴黎香水不香"的美誉。

肉桂：玉枝斜逸，芳香弥漫

　　西江肉桂，是美丽西江与北回归线邂逅的产物。肉桂是广西最著名的香料之一，它还有个风雅的名字，叫玉桂。从肉桂到玉桂，内里品质一样，只一字之差，在形象上就有了天壤之别。外表粗糙的肉桂，何以有"玉桂"这样的芳名？

　　原来，肉桂虽外表不佳，然其薄薄的表皮下面富含油脂，有时可见夹层缝隙间有油珠渗出，此即桂油，大多呈黄色，亦有紫红色，香气浓烈。被油脂浸透的桂皮，温润如玉，像极了一块玉板，故名玉桂。

龙州肉桂（陈镜宇　摄）

　　据史料记载，广西在秦汉时期就已开始人工种植肉桂。肉桂浑身都是宝，集香料、中药材和原料于一体。肉桂树剥皮即得桂皮，嫩枝即桂枝，果托即桂盅，果实即桂子，肉桂寄生枝、叶可蒸取肉桂油，肉桂油可再进一步深加工；肉桂寄生枝还可以开发肉桂寄生茶；肉桂采收剥取桂皮后产生大量桂木木料，因为含有少量肉桂醛，可开发保健枕头、凉席等一系列产品；粉碎枝叶碎渣还可用作基质，发展食用养生菌类。

　　广西是中国最大的肉桂产区，肉桂种植面积约占全国种植总面积的50%，产量约占全国总产量的60%。广西肉桂主要分布在防城港市，钦州市，梧州市的藤县、岑溪、苍梧，玉林市的容县、福绵区、博白、陆川、北流，贵港市的桂平、平南。这片区域属于南亚热带气候区，水热资源充足，且雨热同季，极有利于肉桂生长。

肉桂植物（引自朱华、戴忠华《中国壮药图鉴》）

广西肉桂分为东兴桂和西江桂两大类，东兴桂产于十万大山南麓，西江桂主产于浔江流域。得益于得天独厚的自然条件，防城港东兴桂驰名中外。"中国肉桂之乡"——防城港市防城区被外界誉为"世界香料原料库"，是中国三大香料生产基地之一，所产肉桂皮厚油多、品质纯正、香味醇厚，深受广大消费者的青睐。

2022 年，"防城肉桂"商标获批国家地理标志证明商标，成为推动产业发展、经济跨越、乡村振兴的"金字招牌"和强力"引擎"，为防城区经济发展注入新活力。

防城港市十万大山山区，到处可见一片片郁郁葱葱的肉桂林，每到采收时节，空气中便弥漫着肉桂的芳香。

"肉桂王"，从树龄超过 200 年的肉桂树上取得，长 170 厘米，宽 107 厘米，厚 1.4 厘米，重 18 千克，现收藏于广西林业科学研究院（张小宁　摄）

核桃：广西坚果，饱满香脆

　　长期以来，人们一直认为我国核桃为西汉张骞从西亚引种回国。这种说法来自西晋张华所著《博物志》，书中载："张骞使西域还，乃得胡桃种。"胡桃即核桃。但根据我国考古发现，中国应是核桃原产地之一。1980年，河北省文物考古工作队（现河北省文物考古研究院）在武安县（今武安市）磁山遗址中发现了碳化的核桃坚果残壳，经测定，该碳化核桃距今约 7700 年；1977—1978 年，河南密县（今新密布）莪沟北岗新石器时代遗址曾发掘出距今 7000 多年的碳化麻栎、枣和核桃。这两处考古发现，均证实中国至少在 7000 年前就已有核桃生长，从而否定了"引进"之说。

　　核桃是我国重要的天然木本油料植物之一。2021 年，我国核桃种植面积近 1.2 亿亩，产量达 540.35 万吨，位列全球第一。这也意味着，我国核桃产业已具备引领世界核桃种植、加工与市场的坚实基础。广西是全国核桃主产区之一。从 20 世纪 90 年代开始，广西核桃种植面积不断扩大，核桃产业逐步成为县域经济发展的重要支柱产业，核桃树也成为广西主要的特色经济树种之一。

　　核桃树是一种喜温、喜光、怕风的深根树种。俗话说，"避风的核桃满山枣"，意思是避开风口的核桃树，果子会像枣一样挂满枝头。因此，一般核桃园都选在土层深厚、背风向阳的地方。一般种子繁殖的核桃苗，需要6～8年才开始挂果，20年后才进入盛果期；而嫁接苗一般3～4年即可挂果。果农为了增加经济效益，基本上都会选用嫁接苗。

　　广西核桃栽培历史悠久，具有丰富的核桃种质资源。河池市的南丹县、凤山县、天峨县、巴马瑶族自治县、东兰县、大化瑶族自治县、都安瑶族自治县，以及百色市的乐业县、田林县、凌云县等地，均有树龄几十年甚

种植10年的泡核桃树已进入结果期（蓝敏唯　摄）

至上百年的老核桃树。其中，天峨县、凤山县、乐业县和凌云县是广西核桃主要生产县。

在乐业县的大石山里，到处都能看到茂密的核桃林。核桃树高大挺拔，许多已是百年老树。2019年春天，乐业县林业部门工作人员在同乐镇常仁村那桑屯发现4棵野生喙核桃古树。经初步测量，最大的2棵树高度都超过30米，其中最大的一棵树胸围达10.1米，是全国已发现最大的野生喙核桃古树。喙核桃因其内果顶端有喙状尖头而得名。野生喙核桃因数量日渐稀少，濒临灭绝，已被列为国家二级重点保护野生植物。

乐业县的核桃种植史，距今约有300年。在武称乡长洞屯的石山上，有棵核桃树已有120多年的树龄，是全县最老的核桃树。这棵核桃树从根部往上六七十厘米处即生出枝杈，树干要两人才能合抱；年产量最高时曾达1.5万个核桃。

薄壳核桃是乐业县的著名特产，主要生长在海拔100～1300米的岩溶山区。逻沙乡全达村有一棵核桃树，所产核桃壳很薄，只有0.048厘米，令人惊叹。这种薄壳核桃原先是野生的，经过不断培育才成为现在的品种，果大壳薄，可剥取全仁，果仁细致光润，饱满香脆，最受客商青睐。每年中秋前后，是乐业核桃的采收季节，薄壳核桃总会吸引无数客商前来抢货。

河池市是华南地区最大的核桃生产基地。2022年，河池市的核桃产量达7578吨。种植核桃不仅解决了日益恶化的生态环境问题，还解决了贫困山区农民增收难的问题，走出了一条既使老区农民致富，又促进生态建设的双赢之路。

桉树：科学种桉是根本

桉树的起源地，很多学者认为是澳大利亚。但祁述雄主编的《中国桉树》提出了不同意见，因为我国科学家在川藏地区发现了晚始新统的桉树叶子印痕化石，果实、花蕾等化石，推测在距今四五千万年前的晚始新世，四川西部和西藏分布着大片的桉属植物。在数百万年前，强烈的喜马拉雅山造山运动，桉树适生地逐渐南移，经马来西亚到达大洋洲，以至现今澳大利亚成了桉属植物的主要分布中心。我国晚始新统发现的化石，比有记载的澳大利亚渐新统中发现的最早的同样桉属类桉树化石，要早 1000 万年左右。

说到中国桉树，不能不提清末的一个外交官——吴宗濂。吴宗濂出使意大利时，曾见桉树生长迅速且用途广泛，由此产生了引进的想法，于是上奏朝廷，建议引进推广。吴宗濂还特地编译了一本科普书《桉谱》。书中详细记述了桉树的名义、形体、产地、历史、生长、功用、特质、明效、种法等，甚至还打了广告，表示桉树种可由驻罗马中国使馆代购。可见，桉树引入中国，外交官吴宗濂功不可没。

桉树在广西的栽培历史并不算太久。1890 年，法国人将第一株细叶桉引种到龙州县；1916 年后，又相继引种了赤桉、柠檬桉、窿缘桉、蓝桉、大叶桉等，零星种植在庭院及村旁、宅旁、路旁和水旁。20 世纪 70 年代起，广西将桉树视为重要的经济树种倾力推广。到今天，桉树在广西几乎是无处不在。

在广西，桉树就是村民的"发财树""摇钱树"，只要有土地，几乎家家户户都在种。广西农村很多村民脱贫致富，靠的就是种桉树。在桉树林地附近，还衍生出一类靠太阳生存的行业：晒桉。桉树被砍伐后，由旋切机旋切成一张张薄片，再晒干，然后才能卖给胶合板厂。崇山峻岭之间，常常可以看到白花花的桉木片晾晒在地上，一排排一行行，有时绵延几千米，十分壮观。

一行行晾晒的桉木片（向航　摄）

随着桉树种植面积的增加，社会上对桉树的质疑也越来越多，有人认为桉树是"抽水机"，有人认为桉树有毒，更有人认为桉树是"妖魔树"。然而大多数人对桉树的评价都是"凭感觉"，却拿不出有力的科学依据。2022年12月，广西林业科学研究院桉树研究团队发布《桉树人工林生态系统主要生态功能监测与评价报告》，用10年的监测数据力证桉树"清白"。该报告中提出了"桉树生长没有吸收、消耗大量水分"，"桉树人工林碳汇能力强于其他主要造林树种"等重要结论。虽然仅仅10年的监测研究还不足以平息所有的争议，但是科学是谣言的"粉碎机"，让科学站台，用科学手段种桉，才是广西桉树发展的最好办法，而广西一直以来也是这样做的。

桉树引种到广西后，经过数十年的驯化、选育、改良，已成为广西发展速度最快、本土化最好的外来速生丰产用材林树种。广西桉树以占全区20.4%、全国1.38%的森林面积，生产出全区80%以上、全国30%以上的木材，为快速绿化荒山、改善生态环境、发展绿色经济、巩固拓展脱贫攻坚成果、推进乡村振兴，以及维护国家木材安全、促进碳达峰碳中和等做出了巨大贡献。在客观上，它还保护了广西的生态公益林免遭砍伐。

为了选育更好的品种，科研人员在2023年5月30日将34份广西桉树育种实验种子送上了天。种子随神舟十六号载人飞船飞向太空，开启为期5个月的空间搭载实验。种子回到地面后，科研人员还将对它们进行各种研究，以便早日获得高产、优质、强抗逆的桉树新品种。

桉树林（陈镜宇　摄）

松树：遥听涛喧青松林

　　马尾松为我国南方先锋造林树种，是广西三大主要造林树种之一，为松科松属的常绿乔木，俗称青松、山松、枞松等，树高可达 40 米，胸径可达 1 米。马尾松属速生树种，耐干旱瘠薄，适应性强，能在裸地或无林地上天然更新、自然生长成林，因其针叶丛似马尾而得名。马尾松广泛分布在我国亚热带 17 个省（区、市），在我国速生丰产用材和脂用原料林基地建设中占据极重要的地位。

马尾松针叶（引自朱华、戴忠华《中国壮药图鉴》）

那么，马尾松起源于哪里？中国林业科学研究院亚热带林业研究所研究团队的研究揭示，我国马尾松起源于四川盆地，之后通过两条途径向外扩散。其中一条途径向广东和广西扩散，另一条途径向江西、福建、安徽和浙江扩散，逐渐形成今天的地理分布格局。因此，马尾松是我国特有的乡土树种。

在广西，马尾松是主要纸材、木片材和松脂用材树种，分布广、面积大，各地都有种植。经长期人工栽培试验，比较好的地方种源有桐棉松和古蓬松。

桐棉松，分布在宁明县桐棉镇一带。其特点是生长速度快，年生长达 1 米，树干直径增大 1 厘米，生长率是一般马尾松的 5 ～ 10 倍；干形通直高大，是全国罕见的马尾松优良种源；木纹美，材质良好，加工成门窗等家具后无虫蛀、不变形，可代替杉木料材。

古蓬松，分布在忻城县古蓬镇一带，具有高大圆满、皮薄枝细、树冠窄而密、病虫害少、适应性强、天然更新及生长迅速等先锋树种特性。今古蓬松母树林的面积有 800 余亩，每年可提供优质古蓬松种子 100 千克以上。

经过近 30 年的研究攻关，广西已建成全国最大的马尾松种质资源基因库和松树良种繁育基地。广西林业科学研究院选育的桐棉松种源和第一代优良家系，每亩年蓄积生长量分别达到 2.31 立方米和 2.61 立方米，两度刷新中国马尾松生长最高纪录。目前，广西马尾松人工林面积 3475 万亩，约占全区人工林面积的 25%，贡献全国超 50% 的松脂。松脂可以用于生产松香。松香除了作为工业原料，还可以入药，有祛风燥湿、排脓拔毒、

宁明桐棉松海（权勇 摄）

生肌止痛的功效。2021 年，广西松香产量达 11.5 万吨，位居全国第一，占全国松香产量的 30.6%。

有着"松树王国"之称的梧州位于浔江、桂江、西江交汇处，拥有广阔的丘陵山地，属亚热带季风气候区。北回归线从梧州市穿西江而过，当地的阳光和降水都十分充足，土壤肥沃，良好的地理环境非常适宜植物生长，林业发展拥有得天独厚的优势。2022 年，梧州市森林覆盖率达 75.36%，连续 23 年位列广西第一，是广西首个国家森林城市。梧州是广西马尾松种植面积最大的地区，当地曾流传着"家有千株松，一世不受穷"的谚语。同时，梧州也是广西松香的主产地，素有"中国松香看广西，广西松香看梧州"之说。

马尾松古树群（引自广西壮族自治区绿化委员会《广西古树群》）

杉木：嶂陡云深杉似箭

　　杉木，杉科杉木属的常绿大乔木。科学家研究发现，距今 21300—2500 年，长江流域以南和川西盆地中南缘均有杉木天然林分布。全新世杉木天然林分布非常广阔，而现代杉木栽培区地理分布范围除了由长江流域向北扩张，并没有超出历史上原始天然林分布的范围。也就是说，杉木的现代地理分布区，就是杉木的起源地和起源中心。可以说，杉木产于我国。

　　杉木，俗称"沙木"，我国特有的主要用材树种，是最古老的孑遗树种之一，在周代的文字中即有记载。《诗经·尔雅·释木》称杉木为"煔"（shān）；东晋郭璞在《尔雅注》中解释"煔"："似松，生江南，可以为船及棺材，作柱，埋之不腐。"西晋嵇（jī）含的《南方草木状》中记载："杉，一名披煔。合浦东二百里，有杉一树。"相传，东晋陶侃在长沙岳麓山下种杉结庵，人称"杉庵"。直到清代太平军攻打长沙，杉庵才被战火毁灭。

　　杉木在我国分布很广，东起浙江、福建山地及台湾山区，西至云南东部、四川盆地西缘及安宁河流域，南起广东中部和广西中南部，北至秦岭南麓、桐柏山、大别山。杉木喜肥沃及酸性土壤，不耐干旱瘠薄，生长迅速，材质优良，是我国南方重要的材用树种和造林树种。

我国杉木栽培历史悠久，起始时间虽未有定论，但根据文献记载，应不晚于晋代。古人誉杉木为"木中高士"。我国各地至今保存有不少古杉群落，还有许多古代的巨杉，其树干端直挺拔，大者需数人方能合围，仰之弥高，顶天立地。

杉木不仅因树龄长久素有"万木之王"的美誉，还因用途广泛而有了"万能之木"的美誉。杉木多用作各种建筑、造船等的材料。我国历代帝王建造宫殿，多要砍伐杉木作栋梁。北京古建筑的建筑材料中，有不少就是从南方采购的大杉木。杉木材纹理通直，结构均匀，不翘不裂；内含"杉脑"，具有芳香气味，可防腐抗虫；又因耐水浸，早在汉代就被贵族用作制造棺木的上等用材。

广西是我国杉木主要产区之一。从 1957 年起，广西林业科学研究院围绕杉木丰产关键技术持续攻关，使种业工程技术创新和大中径材高效培育处于国际先进水平，创下全国杉木产量之最：每年生长 2 厘米粗、2 米高，每亩生长量 2 立方米，比国家标准高出整整 1 倍。目前，广西杉木人工林面积 2831 万亩，蓄积量 20581 万立方米，分别占全区人工林总面积和总蓄积量的 21.2% 和 29.9%，以柳州、桂林、玉林、百色、河池、梧州等地分布较多。其中，柳州市是广西杉木中心产区之一，杉木种植历史悠久，全市杉木面积 615 万亩。

柳州市融水苗族自治县，森林覆盖率高达 81%，其中杉木林是其森林结构的主体，多年来一直是全国第二大杉木主产县，因此素来有"杉木王国"的美誉。当地的优质杉木具有速生和丰产的特点，即优质杉木苗种植

后可比传统杉木苗提前5～10年成材，而传统杉木苗种植后需要20～25年才能成材。

广西各地还有不少古代留下的巨型杉木，其中最古老的一棵位于来宾市金秀瑶族自治县六巷乡门头村，至今树龄已超过1000年，是当之无愧的"千年杉木王"。

融安杉海（廖维　摄）

融安香杉公园（林新志 摄）

（覃显茗 摄）

日日尝鲜果，月月不同样

　　网络上流行一个段子："广西的任何水果，都逃不开 10 元 3 斤的宿命。"虽是调侃，但也从侧面反映了广西水果的丰富及其价格的实惠。全国果树种类的 70% 在广西均有分布。

　　2022 年，广西园林水果种植面积超 2000 万亩，水果产量已连续 5 年保持全国第一，并在全国率先超过 3000 万吨，占全国水果总产量的八分之一以上，水果生产总值超 1700 亿元，广西实现了把水果做成千亿元产业的目标。其中，柑橘产量突破 1800 万吨，占全球柑橘产量的十分之一，占全国柑橘产量的三分之一；柿子、火龙果、百香果产量排名全国第一；芒果、香蕉、荔枝、龙眼产量排名全国第二。广西，不愧是中国人的"果盘子"。

微信 / 抖音扫码

广西水果月历图

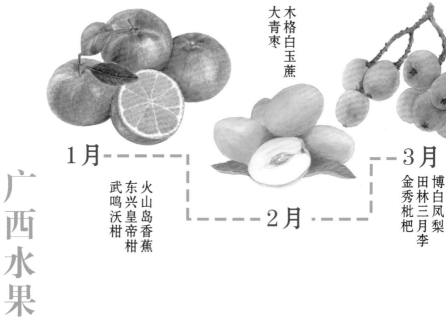

1 月
武鸣沃柑
东兴皇帝柑
火山岛香蕉

木格白玉蔗
大青枣

2 月

3 月
金秀枇杷
田林三月李
博白凤梨

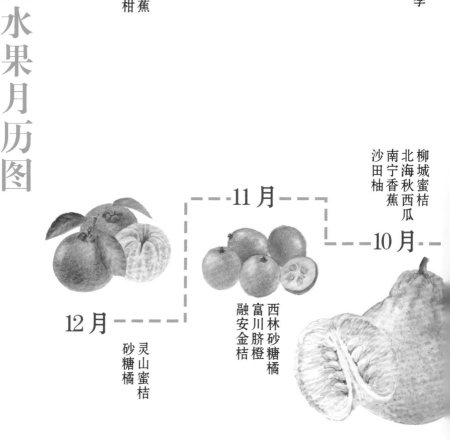

北海秋西瓜
柳城蜜桔
南宁香蕉
沙田柚

10 月

11 月

12 月
砂糖橘
灵山蜜桔

西林砂糖橘
富川脐橙
融安金桔

平桂青梅
荔浦夏橙
北海春西瓜
恭城四月红早桃

4月

5月

荔枝
资源红提
容县杨梅
八步三华李

百色牛心李
武宣胭脂李
柳江葡萄
富川砂梨
北流百香果
芒果

6月

9月

罗城金玉柚
灌阳雪梨
番石榴
乐业猕猴桃
天峨珍珠李

恭城月柿
灌阳长枣
环江红心香柚

7月

都安山葡萄
桂林提子
黄皮果
龙眼
火龙果

8月

（田稚珩 绘制）

荔枝：不辞长作岭南人

荔枝，岭南四大名果之一，以极具美感的外表、鲜甜的味道和较高的营养价值，俘获了古往今来无数的男女老少，更在中国文化史上占有一席之地，成为世界范围内最受欢迎的水果之一。

中国是荔枝的原产地。1971—1975 年，考古工作者在发掘广西合浦汉墓群时，发现堂排 2 号墓出土的一口铜锅内竟保存着完整的荔枝皮和荔枝核！这是我国考古界已发现的最早的荔枝标本。

研究人员在海南岛、广西六万大山及云开大山、云南西双版纳勐仑等地，先后发现了大片荔枝原始林、老野生荔枝树和荔枝群落的存地。野生荔枝的发现，为研究人类对荔枝的驯化提供了基因样本，也成为中国是荔枝原产地的有力佐证。外国学者麦克米伦在著作《热带园林植物手册》中就提到，"龙眼与荔枝于 1798 年由中国传入印度"。

我国古代对荔枝也多见诸笔端。公元前 111 年，汉武帝在皇家园林上林苑建了一座"扶荔宫"，用于栽种南方佳果和奇花异木，其中就有荔枝。"汉赋四大家"之一的司马相如在其所作的《上林赋》中也写道"离支"，即荔枝，很可能产于"左苍梧"（今广西苍梧县）。西

晋张勃在《吴录》中载："苍梧多荔枝，生山中，人家亦种之。"

荔枝在我国，起于荒野，秀于苑囿，主要分布在广东、广西、福建、四川、云南、台湾等地。广西灵山素有"中国荔枝之乡"的美称，灵山荔枝则是国家地理标志保护产品。

荔枝树是长寿树，不仅生命周期长，挂果期也长。早在 1963 年，我国著名生物学家蒲蛰龙教授带领研究

硕果累累的荔枝树（引自黄瑞松《中国壮药原色鉴别图谱》）

团队在灵山调研时，发现位于新圩镇的一棵千年"灵山香荔"母树，其树龄虽已超过1500年，但仍然硕果累累。

广西年平均气温在20℃左右，非常适合荔枝树的生长，而位于北部湾腹地的钦州灵山县更是荔枝种植的黄金地带，这里"无荔不成村"。每年三四月，荔枝树开花引来蜂飞蝶舞。在收获清润香甜的荔枝蜜后，5月下旬至7月上旬便能吃到香甜可口的新鲜荔枝。

荔枝之美，在于其肉如凝脂，口感爽脆，味道鲜甜，清香宜人，故为世人所着迷。荔枝汁水丰富，果肉饱满，富含糖分、蛋白质、维生素、膳食纤维及多种矿物质，在中医上更有"生津、益血、理气止痛"的功效。除鲜食外，荔枝还可制成荔枝干、荔枝酒、荔枝果饮等，荔枝罐头也一直畅销海外。

灵山县佛子镇佛子村谭家营荔枝古树群（引自广西壮族自治区绿化委员会《广西古树群》）

　　荔枝之美，在于形神兼备。中国文人骚客为荔枝留下了大量的绘画、诗词。"唐宋八大家"之一的苏轼用"日啖荔枝三百颗，不辞长作岭南人"的千古名句赞美荔枝；杜牧的"一骑红尘妃子笑，无人知是荔枝来"让荔枝家喻户晓；齐白石三到钦州，在品尝了钦州灵山荔枝后，画下了著名的荔枝图，还作了一首题为《思食荔枝》的诗，诗云"此生无计作重游，五月垂丹胜鹤头。为口不辞劳跋涉，愿风吹我到钦州"，可见其对荔枝的喜爱。

　　广西是中国荔枝供货期最长的地区。近年来，除桂味、妃子笑、黑叶荔、鸡嘴荔、禾荔、灵山香荔等当家品种外（其中，桂味被称为"荔枝界的白月光"），广西还推广仙进奉、岭丰糯、英山红、观音绿等优良荔枝品种，打造北流荔枝、灵山荔枝、香山鸡嘴荔枝、钦北荔枝、麻垌荔枝等"桂字号"农业品牌。

　　作为中国第二大荔枝主产区，2023 年广西荔枝种植面积超过 247 万亩。目前，广西已开通面向京津冀、长三角、成渝等地区的农产品冷链专列，打通荔枝销售的快速通道。

妃子笑荔枝（田稚珩　绘制）

龙眼：艳冶丰姿百果无

龙眼，在古代有很多名字，如龙目、荔枝奴、比目、绣水团、骊珠等。

中国是龙眼的原产地。龙眼最早产于广东、广西的山谷之中。植物学家研究发现，广西、广东、海南、云南等地均有野生龙眼树种。英国、荷兰、苏联的植物学家经过研究对比，也认为龙眼原产地在中国。

龙眼肉中含有维生素 A、维生素 C、钙、铁、氨基酸，以及天然降压物质——龙眼果酸，自古就是名贵的滋补品，有"南方龙眼肉，北方野人参"之说。

龙眼又名"荔枝奴"的背后，也隐藏着劳动人民的另一种智慧。嵇含在《南方草木状》中写道"荔枝过即龙眼熟，故谓之荔枝奴，言常随其后也"，意即在荔枝成熟后就到了龙眼成熟的季节。龙眼是广西有名的蜜源植物，每年 4—5 月开出细白的龙眼花。龙眼蜜是我国单花蜜中蛋白质含量最高的，香气浓郁色如琥珀，常作药引。到了 8 月处暑后，龙眼成熟，果实圆如弹丸，壳土黄色或褐色，果肉结实有弹性，色白肌透，肉厚汁甜。南宋范成大在《桂海虞衡志》中道："龙眼，南州悉有之，极大者出邕州，围如当二钱。"南宋周去非在《岭外代答》中载："广西诸郡富产圆眼，大且多肉，远胜闽中。"

　　圆眼即龙眼。可见，广西产的龙眼品质优越，自古有名。

　　龙眼还是个"挑剔"的水果，对种植环境要求高，只生长在无霜冻的亚热带地区和温暖的地方。龙眼树喜欢阴凉的生长环境，强烈持久的日晒会影响其长势，因此民间有"当日荔枝，背阳龙眼"的说法。即使如此，中国龙眼产量仍居世界首位。

　　石硖龙眼是龙眼中的上品，由贵港市平南县大新镇一位叫覃敬清的留学生利用自己学到的嫁接技术，在当地石山上生长的一棵龙眼树嫁接培植而得。至今，石硖龙眼的 108 株母本树还留在大新镇的母本园中。

大新镇石硖龙眼母本园龙眼古树群（引自广西壮族自治区绿化委员会《广西古树群》）

石硖龙眼，龙眼中的上品（田稚珩　绘制）

当前，广西主要种植石硖、储良、大乌圆等优良品种，其中石硖龙眼种植面积占全区龙眼种植面积的60%～70%。龙眼主产区集中在崇左、北海、贵港、玉林、钦州、南宁、河池、来宾等地的县（市、区）。2021年为广西龙眼产量特大年，树体营养消耗多，但因增产，多数品种价格下降，影响了部分果农的生产积极性，加上天气影响了龙眼成花，使得翌年龙眼产量有所下降。2022年，广西龙眼果园面积148万亩，产量30多万吨，比2021年减少30%～40%，但地头价达8元/千克，比2021年翻了1倍。

广西龙眼以鲜果销售为主，桂圆肉、龙眼干等传统产品加工比例基本维持在10%～20%。近年来，龙眼加工产品逐步呈现多样化趋势，龙眼粉、龙眼冰饮、龙眼提取物等新加工产品开始出现在市面上。

芒果：香甜满树梢

　　盛夏七八月，右江河谷阳光充足，草木青翠，田东县的芒果树漫山遍野，连绵不绝。成熟的果实压弯了枝条，一筐筐清香甜蜜的芒果从田东县运往全国各地。芒果是广西重要的大宗热带水果之一，也是典型的"脱贫致富果"。在广西田东这座被誉为"中国芒果之乡"的县城，芒果产业已成为该县的支柱产业和强县富民产业，不仅助力该县全面推进乡村振兴，也造就了一批正奔向共同富裕的大"芒"人。

　　芒果最早由印度栽培，被佛教信徒视为圣果，在礼佛供品中占第一位。随着佛教的传播，芒果传向世界各地，当然也传入了中国。有关芒果传入中国一事，目前有两种说法。一种说法是由玄奘西天取经时从印度带回。然而芒果的果实、种子均不耐贮运，在交通极不发达的1000多年前，直接由印度传入的可能性不大，但若说是由玄奘在归途中从其他周边国家带回，还是有可能的。另一种说法则是分别由海路和滇缅、桂越边界传入。

　　芒果传入中国后，"几经努力"，最终选择在广西、广东、海南、云南、福建、台湾等地生根发芽，形成海南、四川攀枝花、广西百色等三大芒果产区。这三地之中，百色是全国最大的芒果生产基地，百色芒果则是国

家地理标志保护产品，2019 年入选中国农业品牌目录，
2020 年入选中欧地理标志首批保护清单。至 2022 年底，
百色市芒果种植总面积 137 万亩，产量 106 万吨，产值
47.15 亿元。百色芒果产业已成为让百色市农民收入倍
增的重要支柱产业。

20 世纪 80 年代以前，芒果在我国还是一个"稀有
物种"，只有零星种植。如今，仅广西芒果种植面积就
有 158.31 万亩，位列全国第二。巨大的变化离不开众多
果农和科研人员的努力。多年来，为解决广西芒果产业
存在的品种单一、种植效益低等突出问题，广西亚热带
作物研究所的芒果研究团队走遍我国芒果产区，收集、

桂七芒（覃昱茗　摄）

保存了 500 多份芒果种质资源，相继选育出桂七芒、"桂热芒 10 号"、南逗迈芒等新品种。其中，桂七芒、"桂热芒 10 号"近 10 年累计产值超 100 亿元。

广西芒果主要的品种有早熟的台农芒、贵妃芒，中熟的金煌芒、红象牙芒，晚熟的桂七芒，等等。桂七芒无疑是广西芒果中的佼佼者，在全国拥有极高的知名度，有的人甚至说，没吃过桂七芒就不算吃过芒果。桂七芒有着 S 形的身材、翠绿的果皮、金黄的果肉，汁水香甜不说，纤维还少，深受全国人民喜爱。但其实大部分人都不知道，桂七芒真正的名字叫"桂热芒 82 号"。

当年广西亚热带作物研究所的科研人员在进行品种选育时，"桂热芒 82 号"也引起了当地果农的关注。他们将试验区内"桂热芒 82 号"的枝条剪回去嫁接，几乎把试验树剪成了"秃头"。这嫁接倒是嫁接了，但没有果农知道这种芒果真正的名字。后来这个品种因汁

"南逗迈 4 号芒"（覃呈茗　摄）

果皮翠绿、果肉金黄的桂七芒（田稚珩　绘制）

多纤维少、甜度较高而受到欢迎。很多人好奇它的名字，就到当地农业部门询问。当时，农业部门的技术员只知道这是广西亚热带作物研究所的品种，就随口说了句"可能是'桂热7号'"。之后，"桂七芒"的称呼就在民间流传开。

芒果的果肉含有糖、脂肪酸、矿物元素、蛋白质、维生素、氨基酸、有机酸等多种营养成分，其中维生素A的含量尤其丰富，维生素C的含量也不比柠檬和柚子少，加上含糖量高，香气浓郁，十分吸引消费者。芒果还有一定的药用价值，它的果实、叶片和树皮中含有一种叫芒果苷的物质，这种物质具有祛痰功效，对咳嗽、痰多、气喘等症有辅助治疗作用。广西中医药大学制药厂很早就提取该成分以制成止咳片，这也成为当地民族医药的一部分。

沙田柚：天下第一柚

沙田柚（田稚珩　绘制）

一座民国时期走出93位将军的"中国第一将军县"——容县，长期以来以水果——沙田柚"出圈"。

"沙田柚"一名的缘起颇奇。广西容县沙田村是沙田柚的原产地，相传当地种植沙田柚已有2000多年的历史。沙田柚，原名杨核子。相传在清乾隆年间，沙田村人夏纪纲将家乡的杨核子送给了正在江南巡游的乾隆皇帝。乾隆皇帝吃过之后，觉得"杨核子"这名字与此水果不配，就跟身边的大臣念叨，强烈要求给它改名。有大臣献计说："夏大人的家人千里迢迢从沙田村一站一站地邮驿这水果来到这里，就为了献给您。从沙田村邮出，邮同柚，便叫沙田柚，勿忘沙田村，妥否？"乾隆皇帝一听，龙颜大悦，于是豪笔一挥，赐下"沙田柚"之名。

沙田柚果肉甜润不酸，柚香沁心醒神，被誉为"天下第一柚"。它富含维生素C、维生素 B_1、维生素 B_2、维生素 B_6、钙和铁，其中维生素C的含量比苹果高20倍以上，每100克沙田柚中维生素C含量达100～150毫克。沙田柚还有清肠、利便的功效。

很久以前，沙田村一带的人们出现水土不服症状，便秘胸闷、水肿多痰、腹胀难消。在缺医少药的古代，人们只能离开村子，到外地谋生。村里有个名叫阿由的人没有走，因为他担心生病的母亲虚弱的身体经受不了奔波。

一天，躺在床上的母亲说自己肚子胀得很，大便不通，饭又吃不下，想吃些野果。刚刚喝了两口稀粥的阿由听了，马上放下碗，安顿好母亲，便冲出门，上山去找野果。

阿由找了很久都找不到满意的果子，却被太阳晒得喉咙冒烟。已经到了 10 月，穷乡僻壤的哪有什么野果？阿由失望极了，正想往回走，突然看到远处有一株结了果的大树。

阿由一阵惊喜，赶忙跑过去。只见树上结满了卵圆形的果实，样子喜人。阿由不由得摘一个下来尝尝。一入口，便觉晶莹透亮的果肉汁水多，味道鲜美甘甜；吃完之后，只觉一股清香沁人心脾。阿由又吃了几瓣，觉得口也不渴了，肚子也不饿了。他万分欣喜，赶忙摘下几个带回家去。

母亲吃了这种果子后，头不昏了，腹部胀闷感也逐渐消失了，甚至还觉得有些饿。阿由喜上眉梢，赶紧煮些粥给母亲吃，母亲胃口大开，精神也一天天好起来了。于是，阿由广种这种水果，分送众乡亲。这种水果，便是沙田柚。

沙田柚皮厚，耐储运，常温可储藏 120 ～ 150 天，而且越放口感越佳，因此被称为"天然水果罐头"，还斩获了多项大奖。容县沙田柚是国家地理标志保护产品，2011 年被评为"广西十大土特产之首"，是广西出口水果中的"拳头产品"。

容县是"中国沙田柚之乡"。目前，容县沙田柚种植面积约 23 万亩，产量达 30.5 万吨，全产业产值 35 亿元。此外，容县还建设了 138 个沙田柚种植示范区。每到金秋时节，柚果飘香，走进容县自良镇古济村沙田柚基地，郁郁葱葱的柚子林里，柚香四溢，金灿灿、沉甸甸的柚子挂满枝头。这里是沙田柚核心产区，所产沙田柚果大形美、色泽鲜艳、肉质清甜。

那么，如何才能选购到正宗的容县沙田柚呢？

一看"金钱印"标记，短茎葫芦状或雪梨状为好；二看时间，霜降后春节前上市为佳；三看重量，同等个头重者为佳；四捏弹性，稍有软感且有弹性为佳；五闻气味，气味刺激性不大为佳。

金灿灿的沙田柚（引自黄瑞松《中国壮药原色鉴别图谱》）

葡萄：藤间紫玉泛晴光

2021年4月25日，习近平总书记来到桂林市全州县才湾镇毛竹山村，走进葡萄种植园，察看葡萄长势，详细询问葡萄产量、品质、销路、价格等情况，并与农技人员亲切交谈，鼓励大家坚持科技兴农。

小小的葡萄为什么能吸引总书记的目光呢？

一说到葡萄，人们最先想到的就是新疆吐鲁番的葡萄。没错，新疆吐鲁番自古以葡萄闻名天下，已经有2000多年的葡萄种植史，享有"中国葡萄圣城"的美誉，这得益于吐鲁番的地理位置。

长期以来，全球葡萄的优势栽培区域都位于温带冷凉区域，吐鲁番就在这个区域内。广西处于亚热带气候区，不仅高温多雨，葡萄病虫害还多，历来被称为"葡萄的禁区"。然而，广西人独辟蹊径，迎难而上。在"八桂学者"白先进的带领下，一支50多人的研究队伍专注热区葡萄种植研究，引进并培育了耐热、抗病的葡萄品种，最终突破禁区，成功培育出适应广西气候特征的葡萄，并做到一年两收，实现关键核心技术的自主权。

在广西农业科学院明阳科研基地的双季葡萄示范园一年两收生产技术核心示范区内，可以看到许多一年两收的葡萄新品种，如阳光玫瑰、瑞都红玫、瑞都红玉等。

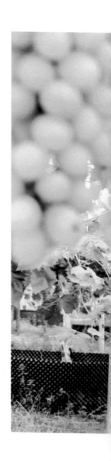

阳光穿过大棚，照射在葡萄架上，紫色、黑色、绿色的葡萄晶莹剔透，温润可爱，让人垂涎欲滴。

2011年，广西引进阳光玫瑰葡萄，同时研发该品种的一年两收配套技术；2014年，一年两收配套技术开始推广，迅速提高了葡萄栽培的经济效益，极大地提高了广西葡萄产业的竞争力，加快了广西葡萄产业的发展速度。2021年，广西葡萄种植面积约47万亩，全国排名前十，葡萄产量也从2009年的18万吨提高到66.64万吨，产值达84.72亿元。

翠绿的阳光玫瑰葡萄看起来格外诱人（引自白先进《葡萄一年两收种植致富图解》）

　　柳州市是全国最大的双季葡萄生产基地，仅柳江区双季葡萄的种植面积就有 3.8 万亩，年产量 4.8 万吨。鲁比葡萄是柳江区特产，于 2018 年成为国家地理标志保护产品。

　　兴安县享有"南方吐鲁番"的美誉，其葡萄产业兴起于 20 世纪 80 年代中期。截至 2021 年，全县葡萄种植总面积达 15 万亩，总产量 31 万吨，年产值 34 亿元。葡萄是兴安县农业支柱产业之一，兴安县也因此成为华南地区最大的鲜食葡萄产区。兴安葡萄多次在国内获奖，并于 2017 年获得国家农产品地理标志登记保护。

兴安巨峰葡萄（田稚珩　绘制）

　　广西比较有名的葡萄还有罗城葡萄，它是从罗城野生毛葡萄资源中优选的酿酒葡萄，1991 年由中国科学院植物研究所命名，于 2016 年获得国家农产品地理标志登记保护。

　　葡萄是广西单位面积种植效益最好的水果，葡萄产业也是广西重点冲刺百亿元产业项目，在广西水果千亿元产业中发挥着重要作用。葡萄除了鲜食，也可以做成葡萄干或用于酿造葡萄酒，还可以从葡萄籽中提取有效物质做成保健品等，实现了从原材料到粗加工再到深加工的全产业链。一串串甜蜜的葡萄，"串起"了广西农民的增收致富路。

挂满枝头的葡萄（引自白先进《葡萄一年两收种植致富图解》）

砂糖橘：没有一袋能过夜

砂糖橘，原本是广东的水果支柱产业。广东砂糖橘的栽培历史可追溯到明万历年间，距今 400 多年，比较有名的产区有四会市黄田镇和清远市禾云镇。

2003—2013 年，广东水果中最赚钱的品种就是砂糖橘，它的价格创造了 11 年居高不下的神话。一段时间内，砂糖橘市场价甚至达到 20 元／千克，很多农民靠种植砂糖橘一夜暴富，由此引发了砂糖橘抢种潮。

没想到，在形势一片大好的情况下，广东的砂糖橘忽然生了柑橘黄龙病，其症状表现为树叶局部变黄，果实大而软或小而硬、出汁率低、口感差，果树不发新芽并渐渐枯死。更麻烦的是，这种病在当时无药可救，还会传染，一经发现只能焚毁。这给广东砂糖橘产业带来了严重打击。当时很多种植户一边哭泣，一边成片成片地砍掉并焚烧砂糖橘果树。这是广东果农关于砂糖橘最惨痛的记忆。

广东砂糖橘因柑橘黄龙病的影响而发展受阻，种植面积锐减。作为"邻居"的广西抓住机遇，扩大砂糖橘产业，至 2021 年，一跃成为全国最大的砂糖橘产区，砂糖橘种植面积约 340 万亩，可谓"东边不亮西边亮"。

砂糖橘为何让人这么"狂热"呢？

可以一口一个的砂糖橘（田稚珩　绘制）

首先，砂糖橘是在冬天上市的水果。因为"橘"与"吉"音相近，中国人置办年货时图吉利，所以砂糖橘以"大吉大利"的好寓意大受欢迎。

其次，砂糖橘个头小，易剥皮，食用方便，味道酸甜可口，男女老少皆宜。

随着保健意识的增强，人们越来越注重自身的健康，也更讲究吃得健康。砂糖橘中含有丰富的维生素 C、胡萝卜素、钙、磷及苹果酸、果糖、葡萄糖等营养物质，对身体健康大有裨益。

广西砂糖橘为何如此之多？

"橘生淮南则为橘，生于淮北则为枳，叶徒相似，其实味不同。所以然者何？水土异也。"《晏子春秋·内篇杂下》里已经说明了种植环境对橘类的影响。俗话说"一方水土养一方人"，一方水土同样养一方砂糖橘。广西处于北纬 23°黄金种植带上，拥有砂糖橘生长所需的好山好水。

挂满枝头的砂糖橘（黄河　摄）

广西砂糖橘分别以桂林和梧州为核心产地。桂林是全国砂糖橘种植面积最大、产量最多的地区。其中，荔浦被称作"中国砂糖橘第一县"，荔浦砂糖橘是农产品地理标志产品；永福则是全国最大的富硒砂糖橘生产基地。

梧州砂糖橘肉质细嫩化渣、味道似蜜，品质上乘，深受广大客商和消费者喜爱。2006 年，梧州砂糖橘曾作为自治区农业厅（现自治区农业农村厅）指定果品送自治区十届人大四次会议代表品尝，深受代表们欢迎，获得一致好评。2013 年，梧州砂糖橘成为农产品地理标志产品。

除此以外，武鸣砂糖橘也是农产品地理标志产品。象州砂糖橘不仅是国家地理标志保护产品，还入选 2021 年第一批全国名特优新农产品名录，成为广西第一个入选该名录的产品。

"没有一袋砂糖橘能过夜"，表达了人们对广西砂糖橘的无尽喜爱。

香蕉：智慧之果和快乐之果

　　各国学者对香蕉的原产地持有不同看法。有学者认为香蕉起源于印度，有学者认为香蕉起源于马来半岛和印度尼西亚诸岛，也有学者认为香蕉起源于中国。无论香蕉起源地在哪里，食用蕉品种都是由野生蕉经人工驯化栽培演变而来的。因此，可以这样认为，大自然中生长着大片原始野生蕉林的地方，都有可能是香蕉的起源地。广东省农业科学院果树研究所在广东和海南的森林里均发现大片野生蕉林，这可以作为香蕉起源地在中国的依据之一。

　　大多数人都知道香蕉助消化，是减肥佳果，却少有人知道，香蕉也是智慧之果和快乐之果。这是怎么回事呢？原来，传说佛祖释迦牟尼就是因为吃了香蕉而获得智慧，所以香蕉被称为"智慧之果"。现代科学研究证明，香蕉中含有的维生素 B_5 等成分是人体的"开心激素"，能减轻心理压力，因此香蕉可以用来治疗抑郁和情绪不安，又被称为"快乐之果"。这样营养丰富、功效多多的香蕉，怪不得会与荔枝、菠萝、龙眼并称为"南国四大果品"。

　　香蕉大多生长在热带、亚热带区域，中国香蕉主产区在广西、广东、海南、福建、台湾、云南等地，

香蕉（田稚珩　绘制）

其中以广西香蕉最为著名。广西香蕉果形、果色好，以其软糯绵甜的口感受到各地消费者的喜爱。

香蕉耐热不受寒，喜欢阳光，以温暖、湿润的环境为优。在广西，又以南宁最符合香蕉所需的生长环境，尤其是邕江河谷盆地和以坛洛为中心的蚀溶盆地，为南宁香蕉风味的形成提供了独特的地理环境。经过多年打造，南宁形成了以西乡塘区、隆安县、武鸣区、广西东盟经济开发区为中心的香蕉产业带。

南宁的雨季集中在5—8月，过了8月雨水开始减少。没有过多雨水的击打，保证了香蕉皮表面的光滑与亮泽度。同时，在充足的光照下，较大的昼夜温差促进了糖分的转化，使香蕉口感更加绵甜，品质更优。

成熟期长是广西香蕉的特点。4个月的成熟期，可以从9月一直供应到春节期间，比菲律宾香蕉多了2个

月的时间。同时，南宁受台风影响的概率较小，香蕉能稳定产出，可供应全国各地，甚至出口全世界。南宁香蕉水分少，口感软糯绵甜，历来很受男女老少的喜爱。

2015年，南宁香蕉获得国家农产品地理标志登记保护。2018年，"南宁香蕉"地理标志证明商标注册通过并正式启用，成为全市首个"邕"字头的地理标志证明商标。目前，南宁市已建成全国最大的香蕉标准化生产基地，坛洛镇成为"中国香蕉之乡"。

南宁香蕉主要栽培"威廉斯B6"、巴西蕉、贡蕉（皇帝蕉）、"中蕉9号"、苹果粉蕉等优良品种。从2009年起，南宁香蕉种植面积、产量、产值一直名列广西之首和全国设区市第一，是广西香蕉第一大产区。2021年，南宁香蕉种植面积40.9万亩，产量118.3万吨，分别占广西香蕉种植面积和产量的35％和38.2％。

隆安金穗香蕉种植园（黎森　摄）

珍珠李：来自山野的传奇

2001 年，一部改编自广西作家东西的小说的电影《天上的恋人》，在天峨县八腊瑶族乡拍摄。那悬崖上的村庄，成了人们难以忘怀的世外桃源，而广西著名水果珍珠李便出自这里。

珍珠李，被誉为"李族皇后"，由当地农业技术员从广西河池市天峨县八腊瑶族乡的野生李果中选育，是广西人自行选育的李果新品种。珍珠李，因结果时果型小、果实圆如珠、长在枝头密如珍珠而得名。同时，因天峨县内有我国著名的龙滩水电站，故又名"龙滩珍珠李"；也因产地在天峨而被民间称为"天峨珍珠李"。

为何天峨县内会有这么多的野生李果？这得益于天峨县特殊的地理环境。

天峨县县城坐落在龙滩河谷下游，是广西丘陵与云贵高原的过渡地带。这里以侵蚀地貌为主，群峰林立，沟壑纵横，存活着大面积的原始森林。森林中野生动植物资源丰富，为野生李果的生存提供了条件。

那么，珍珠李是如何被发现的呢？

1998 年 8 月的一个下午，天峨县八腊瑶族乡五福村常里屯村民崔德军上山放牛。崔德军放牛的地方是一条小山沟，因人迹罕至而野草丛生。很快，躺在草地上休息的崔德军不知不觉进入了梦乡。

　　醒来时，崔德军忽然发现自家耕牛不见了。耕牛是农民的命根子，一头牛基本上就是一户人家的全部家当。如果牛不见了，对于村民而言就好像是天要塌了。崔德军发疯似的寻找耕牛，最后发现牛竟在河边的几棵树下饮水呢！

　　急得满头大汗的崔德军看见牛，心里踏实多了。此时，他觉得口干舌燥，立即跑到河边，捧起水来喝。喝下水后，他心里平静了，忽然看见水面上有许多紫色的李果。

诱人的珍珠李（李新曲　摄）

原来，河边有棵李子树，平常没人注意，没想到树上结了不少李果，倒映在水面上。

常里屯的村民都知道，野生的果子很酸，即使看到了也不会去摘。因此，当崔德军看到水边的野李树时，并没有多少兴趣。他首先想到的是酸李，不然，怎么没人摘呢？但是，树上的李果似乎有点不一样，那是一种酒红色的果子，外观色如玛瑙，玉润剔透，一串串的十分诱人。崔德军此时腹中正饥，就忍不住想摘几颗来尝。

崔德军攀着树枝，摘了一把李果。下来后洗也没洗，就把那一颗他认为很酸的野李果放入口中充饥解渴。他并不知道，那一刻自己咬出了一个惊天秘密。谁也想不到，一个如今年产值上亿元、带动全县数万农民富裕起来的庞大产业，竟是由那一颗野李果诞生出的。

崔德军吃了一颗野李果之后，没觉得有多酸，而是有点脆，又很爽口。他不觉又尝了一颗，还是好吃，不仅入口清甜没有酸涩感，而且果肉与果核分离，与本地房前屋后栽种的李果在品质上有很明显的差别。

后来，经专业技术人员确认，这是一个新品种，即珍珠李。

珍珠李对生长环境的要求极为苛刻。它必须生长在海拔 600 米以上的高寒山区，那里冬冷夏凉；低于此海拔，珍珠李花芽便无法分化，或者分化不完整，最终将导致只开花不结果的局面。因此，珍珠李可谓"天上的珍珠李"。天峨全县平均海拔 313 米，并不是每个地方都适合种植珍珠李，目前也只有六排镇、向阳镇、岜暮乡、八腊瑶族乡、纳直乡、更新乡、下老乡、坡结乡、三堡乡等 9 个乡镇种植。

珍珠李当年种植，翌年结果，坐果率非常高。累累硕果串串如珠，颜色为深紫红色，覆有灰白色果粉，具有肉核分离的特点，口感爽脆、酸甜适中。龙滩珍珠李是个晚熟品种，当别的李果已经采摘完毕时，它才不紧不慢地成熟，每年 7 月下旬至 8 月中旬才是它的最佳采摘期。

独一无二的龙滩珍珠李于 2010 年成为农产品地理标志产品。2015 年，"龙滩珍珠李"被评为"2015 最受消费者喜爱的中国农产品区域公用品牌"。

2022 年，天峨县龙滩珍珠李种植面积达 12.6 万亩，投产面积 4 万亩，产量 2.16 万吨，产值 1.3 亿元。

龙滩珍珠李（田稚珩　绘制）

沃柑：树上熟的甜蜜果实

甜蜜可口的沃柑竟起源于沙漠之国以色列，真是令人感到不可思议。种柑橘的人都知道，柑橘生命周期极短，一般在三五年就要更换一轮新品种。但沃柑自培育成功那天起，已坚持 90 多年屹立不倒，不能不让人惊叹这种水果强大的生命力。

因受地理条件和高昂的专利费限制，以色列的沃柑种植面积仅有 8 万亩左右，拥有沃柑全部专利的以色列农业研究中心并未全球授权推广种植，只授权给了西班牙、南非、美国和巴西等少数国家。我国的沃柑并不是直接从以色列引进的，而是在 2004 年由中国农业科学院柑桔研究所从韩国济州岛试验场引进的。

沃柑（田稚珩 绘制）

　　刚开始，中国农业科学院柑桔研究所在重庆试种培育沃柑，历时 8 年，无明显成效。

　　2012 年，广西农业厅实施优果工程和特色果业提升工程，南宁市武鸣县（今武鸣区）水果办决定引进沃柑，首批沃柑苗在双桥镇、太平镇、城厢镇等地试种，没想到一炮而红。一种植户当年种下 3000 株沃柑苗，3 年后首次卖果，收入高达 150 万元。沃柑在广西创造了水果奇迹。

　　沃柑最终能在武鸣种植成功，与这里的气候条件密不可分。武鸣地处亚热带季风气候区，北回归线穿境而过，雨量丰沛，温度适宜，日照充足，无霜期长，是最适宜沃柑生长的黄金产地之一。

　　武鸣沃柑属于晚熟宽皮柑橘类型，具有树势强健、果实外观漂亮、品质优良、丰产、采收期长、耐贮运等特点。2015 年初，三年生沃柑果树亩产超过 6000 千克，收购价每千克 10 ～ 20 元，亩产值超过 6 万元，经济效益良好，具有广阔的市场前景，作为晚熟柑橘品种在广西各地迅速推广。

　　沃柑是一种晚熟品种，通常在 1—3 月成熟，与其他成熟期在 9—12 月的柑橘品种形成互补，极大地提升了广西柑橘产业的总体收益。沃柑产业发展迅猛，科技的持续赋能功不可没。无论是筛选配套砧木、繁育无病苗木，还是开展高效土肥水管理及病虫害综合防治，一项项关键技术的攻关，是广西沃柑闻名海内外的有力支撑。

　　从果实本身特点来说，沃柑高糖低酸、汁多味甜，拥有着 17.5 度的黄金甜酸比，脆嫩化渣，其维生素 C

武鸣沃柑满枝头（卢伊琳 摄）

含量远超其他水果。一颗沃柑，就像一个天然的维生素C宝库。不仅如此，沃柑还拥有一个备受消费者喜爱的特点：果实成熟后，可在树上挂果直到来年4月。沃柑，让人们真正品尝到了树上熟的甜蜜果实。

虽然2019年底"武鸣沃柑"才成功注册地理标志证明商标，但是早在2018年，武鸣沃柑就已出口越南、泰国等东南亚国家，并不断拓宽海外市场，远销加拿大、俄罗斯等国，与海外朋友"分柑同味"。武鸣沃柑的国际招牌越擦越亮，外地客商络绎不绝，外贸订单纷至沓来，武鸣沃柑不只成了广西果农名副其实的"致富果"，同时也带动了分选、包装、物流、电商等全链条产业的发展。

正所谓"中国沃柑看广西，广西沃柑看武鸣"，2022年，经过近10年的发展，武鸣区沃柑种植面积达46万亩，年产量超150万吨，年产值超百亿元，成为全国沃柑生产最大县（区），武鸣沃柑也成为武鸣区乡村振兴的支柱产业。

成堆的武鸣沃柑待装箱（蒙森 摄）

火龙果：日子里的红红火火

有人问，火龙果花是不是就是昙花？

实际上，这两者虽同为仙人掌科植物，但火龙果属于量天尺属，棱上有刺，花开在茎上，花皮绿色，花后结果；而昙花属于昙花属，花皮红色有香味，叶细长无刺，花后无果。

相比于昙花一现仅有的 4 小时，火龙果开花持续的时间更长，通常在日落前 1 ～ 1.5 小时开始破蕊，日落时完全绽放，一直持续到黎明花冠才会重新闭合，在日出前谢幕。火龙果花花瓣晶莹洁白，薄如蝉翼，盛大如碗，夜色中全体开放的场景，不亚于一场盛大的舞会。

火龙果花（潘向阳　摄）

　　火龙果属于热带、亚热带植物，原产于中美洲热带沙漠地区，耐热、耐旱，对土壤要求不严格，生存能力强，最佳的生长温度为 25 ～ 35℃，但只要高于5℃的地方都可以种植，故贫瘠之地也易于种植。南宁年平均气温约21℃，热多寒少，高温多雨，是火龙果的"宜居"之地。

　　追根溯源，南宁火龙果源自与南宁气候相似的台湾，却后来居上，在种植架式、覆膜生草、肥水管理等方面摸索出一条适合南宁本地的种植方法，并在冬季补光、避寒遮阳方面超越了台湾技术，取得了骄人的成绩。

　　火龙果自花授粉坐果率低，仅为 50% ～ 85%，而异花授粉坐果率可高达 98%，这也是火龙果过去长期发展较慢的原因之一。当时引入的火龙果需要人工授粉，不仅费时费工，而且单产偏低，每亩产量不到 1000 千克。后来，有关企业与科研部门合作，选育自花授粉品种的同时也从台湾引进新品种，不仅单产实现翻倍，品质也明显提高，从而大大提升了产业效益。目前，广西火龙果自花授粉品种占比在 90% 以上，而作为广西最大的火龙果种植区，南宁市已实现基本普及。

　　每年春季的 3 月至 4 月中下旬及秋冬季的 9 月中下旬至 12 月中旬傍晚，火龙果种植基地数万盏 LED 灯同时亮起，场面蔚为壮观。这是在采取补光措施，调节挂果期，好让火龙果植株在秋冬季节继续开花挂果。这是因为火龙果是长日照果树，每日光照时间要超过 14 小时花芽才能形成。仅南宁市补光技术应用面积就有 5 万～ 6 万亩，南宁也因此成为中国大陆面积最大的火龙果冬果生产区。2020 年，南宁火龙果获得国家农产品地理标志登记保护。

2021 年，我国火龙果种植面积超过越南，排名世界第一，其中主产区广西的火龙果种植面积占全国火龙果种植面积的 30% 左右，而南宁则是广西火龙果的核心产区。随着 2021 年初第一批火龙果出口荷兰，南宁火龙果叩开了国际市场的大门，逐步走向海外，让世界人民品味这份"邕"牌甘甜。2022 年，南宁火龙果种植面积近 20 万亩，规模位居全国第一，年产值超 50 亿元，可以说全国每 5 个火龙果就有 1 个来自南宁。

火龙果有排毒护胃、促进消化等功效，深受人们喜爱。南宁的火龙果，以果肉颜色可区分为红肉火龙果和白肉火龙果。南宁拥有全球最大的火龙果连片种植基地，汇集了国内外先进的种植技术和管理手段，一人就可管理千亩果园。随着火龙果产业的崛起，绿城南宁有了一个新名字——中国火龙果之乡，并有了"中国火龙果看南宁"的美誉。

南宁红肉火龙果，个大味甜（田稚珩　绘制）

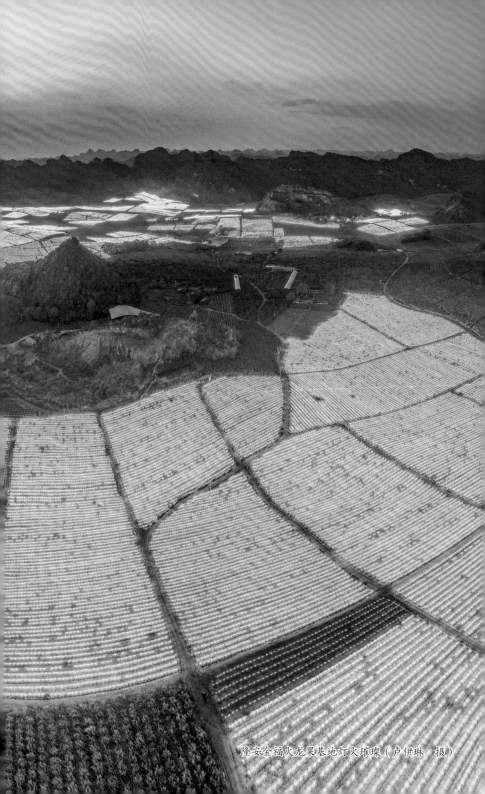

隆安金福火龙果基地灯火璀璨（卢伊琳 摄）

南药之乡，遍地草药

广西与四川、云南、贵州三省（区）同被誉为我国中药材四大产区，享有"天然药库""生物资源基因库""中药材之乡"等美誉，是传统的"南药之乡"。

根据《广西中药资源发展报告（2021—2022）》，目前广西有中药资源7512种，位居全国前列。其中，植物药6397种、动物药1066种、矿物药49种。全国400多种常用中药材中有70多种来自广西，其中罗汉果、八角、肉桂、鸡血藤、山豆根、金花茶等药材产量占全国80%以上，穿心莲、青蒿、粉葛、橘红等多个区域特色药材产量占全国60%以上。

依托丰富的中药材资源和扎实的产业基础，中药材产业已成为广西多个县（市、区）乡村振兴的主导特色产业。

微信／抖音扫码

罗汉果：南方有佳果

　　罗汉果，这颗生长于广西的神奇果实，被世人称为"岭南第一神果"。南宋张栻曾写过一首题为《赋罗汉果》的诗："黄实累累本自芳，西湖名字著诸方。里称胜母吾常避，珍重山僧自煮汤。"

岭南第一神果——罗汉果（田稚珩　绘制）

据说一位名叫罗汉的瑶医发现村民将一株藤状植物的果子采下后泡水喝，可以止咳，便将这种果子采集回来种植并加以研究，后来又发现了这种果子的其他保健价值，便推荐给其他人饮用。山里人长期将此果泡水饮用，长寿的人变得多起来。罗汉去世后，人们为了纪念他，便给此果取名罗汉果。

罗汉果在广西、广东、湖南等地的热带及亚热带山区均有种植，其中以广西桂林罗汉果最为出名，是农产品地理标志产品。

桂林罗汉果以永福县、龙胜各族自治县为核心产区。永福县种植罗汉果已有 300 多年历史，被称为"中国罗汉果之乡"，永福罗汉果是国家地理标志保护产品。

罗汉果属于多年生植物，在广西南部地区有些可以存活 3～4 年，在冷凉山区可以存活 20 年甚至更长。罗汉果原本野蛮生长于山野之外，而现在种植罗汉果，村民们则会为其搭起架子，让它们沿着棚架攀缘而上，形成一片片整齐的罗汉果园，成熟的罗汉果像一颗颗绿色小球悬挂枝头。

罗汉果于每年中秋之后开始采摘，元旦前后结束，一年只能采收一季。罗汉果采摘回来后还需要静置一周左右，等待它回糖，以增加甜度；回糖过程结束后才会对罗汉果进行清洁、晾干、分类，然后真空脱水。

新鲜的罗汉果泡水后滋味清新甘甜，但由于新鲜罗汉果不易保存，因此人们通常会对罗汉果进行烘干处理，以便于长期保存。烘烤后的罗汉果表皮及果肉均呈棕褐色，且由于对烘烤程度控制的千差万别，表皮及果肉的浓甜味或焦甜味、烟火味各有不同。采用现代低温脱水技术的罗汉果，表皮和果肉则更多地保留了接近于原果的颜色，泡水的味道也更接近于天然果的清甜，且汤色黄亮清澈。这是当前市场上两种罗汉果产品最大的区别。

　　罗汉果营养价值高。经测定，罗汉果中含有 24 种无机元素，每 100 克罗汉果中维生素 C 的含量比"维 C 之王"猕猴桃还高；硒含量每千克达 0.1864 毫克，是粮食的 2 ～ 4 倍。在广西民间，罗汉果一直被用于祛痰、止咳、清热解暑、治疗咽喉肿痛等。现代研究发现，罗汉果润肺清热效果明显。北京雾霾最严重的时候，广西罗汉果一果难求。新冠病毒感染疫情防控期间，广西中医药管理局公布了一款预防茶饮方，其中就有罗汉果。罗汉果还有利咽、通便的作用，甚至能用于辅助治疗糖

悬挂着的一颗颗绿色的罗汉果（引自黄瑞松《中国壮药原色鉴别图谱》）

罗汉果茶饮

尿病。随着产业的发展，科研人员对罗汉果的研究越来越深入，技术也越来越成熟。

除了直接泡水喝，罗汉果还能怎么吃呢？南宋林用中的《赋罗汉果》已经告诉了我们食用方法："团团硕果自流黄，罗汉芳名托上方。寄语山僧留待客，多些滋味煮成汤。"罗汉果是可以直接煮汤喝的，现代企业还开发出罗汉果冲剂、糖浆、果精、止咳露和浓缩果露等产品。

罗汉果还被广泛应用在工业生产中。罗汉果中的甜味来源于罗汉果苷，比蔗糖甜256～344度，热量低，对人体也更为友好；而且其水溶性和稳定性好，已经用作饮料和传统中药的代用甜味剂。

据统计，"十三五"期末，广西罗汉果种植面积已达25.5万亩，是全国最大的罗汉果种植基地，主要产区分布在桂林和柳州。国内第一大甜味剂厂家也根植桂林，桂林已成为世界最大的罗汉果生产、加工、集散和出口基地，罗汉果产品远销日本、美国、新加坡等国。

橘红：千年咳宝，南方人参

　　橘红是广东化州市名贵的道地中药材，被誉为"南方人参"，民间素有"一片橘红一片金"的说法。大多数人只知化州有橘红，殊不知广西也有，而且还不少。广西橘红主要产于陆川、东兴等地。化州的橘红与陆川的橘红同源同属，只不过以产地区分，化州产的橘红叫化橘红，陆川产的橘红叫陆橘红。

橘红（田稚珩　绘制）

　　玉林市陆川县位于广西东南方，因有米马河、沙湖河、清湖河、榕江河、低阳河和九洲江等6条河流而得名。陆川南部土壤里含有云母成分，适宜种植橘红。橘红在生长过程中吸收了云母中的风化物礞石与镁元素，长成表面绒毛浓密的橘红果。

陆川马坡绿丰山庄橘红基地（王洪亮　摄）

一方水土养一方风物。

陆川橘红已有 1500 多年的种植历史，是明清时期的进贡御品。陆川县现存最早的地方志乾隆版《陆川县志》已有"橘柚"的记载；民国十二年（1923 年）版《陆川县志》则记载："橘红种以化县橘红同。"可见，陆川民间广有栽培橘红的习惯。

《中华人民共和国药典》（2020 年版）载，化橘红"辛、苦，温。归肺、脾经。理气宽中，燥湿化痰。用于咳嗽痰多，食积伤酒、呕恶痞闷"。

民国十年（1921 年），李宗仁率军与陈炯明部队在粤桂边境混战，李宗仁的部队因天气原因上吐下泻还咳嗽，战斗力锐减。后得橘红，熬煮橘红茶给全军饮用，全军迅速恢复了战斗力，一举击败陈炯明部队获得胜利。1965 年，李宗仁从海外归来，特意到陆川追忆往事。

在陆川当地，橘红又叫毛柑、大柑，是地道的中药材，也是药食同源植物。目前，陆川县已经成为我国橘红的主产区之一，陆川橘红也已成为陆川富农强县的一个重要产业。2016 年，陆川橘红获得国家农产品地理标志登记保护；2020 年，"陆川橘红"成功注册地理标志证明商标。截至 2023 年 6 月，陆川全县种植橘红面积 6.3 万亩，年产量 1.17 万吨，产值 1.76 亿元；已成功开发了橘红干果、橘红含片、橘红膏、橘红茶、橘红饮片等系列产品。

金银花：一蒂二花三月开

　　金银花在古代有一个美丽的名字：忍冬。因它属于藤类草本植物，即使到了冬天里叶也不会掉落，可忍受冬季的严寒天气，故得名"忍冬"。

　　宋代后，依据忍冬在开花后会变成一黄一白两种颜色，酷似金银的特点，朴素的劳动人民又将忍冬称为"金银花"。名字一改，境界大开，忍冬仿佛从塞外冰天雪地的酷寒之中，一下子来到了杏花梨花盛开的富庶江南。从此，原本流行于民间的名字"转正"，被收入正册使用。

　　金银花是生活中常见的一味著名中药材，属于药食同源植物。金银花因藤枝缠绕，又被称作"鹭鸶藤"。金代段克己所写《采鹭鸶藤》"有藤名鹭鸶，天生匪人育。金花间银蕊，翠蔓自成簇"生动描写了金银花的生长与形态。

　　历史上，对金银花的使用有一个渐进的过程。秦汉时期，医家只知用其枝条入药；到了明代，对花有了新的认识，才以花蕾入药，一直延续至今。

　　金银花以泡水煎服为主，内服外用皆可。《本草拾遗》载金银花"主热毒血痢，水痢，浓煎服之"。《滇南本草》载金银花"清热，解诸疮，痈疽发背、无名肿毒、丹瘤、瘰疬"。此外，金银花还可以制成露剂使用，但金银花性寒，不可多食。

　　有观点认为，忍冬纹是经丝绸之路，自东汉末年而传入我国的。据说创作大师们从金银花经冬而不衰的特性中得到灵感，模仿它的形状，创造出著名的忍冬纹。南北朝时期的忍冬纹较为简单和固定，一般为一侧三片叶子或多片叶子，因其隐忍的特性与佛教有相通之处而多被应用于佛教艺术中，寓意为人的灵魂不灭，轮回永生。

　　到了唐代，忍冬纹演化成更为复杂的卷草纹（即唐草纹），被广泛应用到绘画、雕刻艺术上。忍冬纹就

金银花（引自黄瑞松《中国壮药原色鉴别图谱》）

这样成为我国传统植物纹样，带着长寿、永生、顽强不屈的吉祥寓意，流传千古。

金银花耐旱，对土壤要求也不高，一年能采四五次花，收入要比种果树强很多，当年栽植即可见效，第三年进入盛花期后，亩均产值可达万元以上，可连续稳定增收 20 年，是名副其实的"金银产业"。广西金银花以生长在大石山区的马山、忻城所产为品质最佳。忻城金银花是国家地理标志保护产品，已经有数百年的种植历史。据成书于北宋庆历年间的《忻城志》记载，忻城金银花长在北更、遂意、城关石山区上，人们取来入药，以止渴消暑瘴（zhàng）。

今天的忻城金银花依然攀缘生长在当年那些古老的石山上，得日月之精华，品质上乘。当地中医、壮医常年用金银花治疗热病初起、肿毒等相关病症。忻城金银花的药效成分及花蜜含量高，其中绿原酸含量达 4.2%，远超国家药典的标准规定。

古寨瑶族乡地处马山县东部大石山区，山高石多，光照适宜，昼夜温差大，很适合金银花在石头缝攀爬石块漫延生长，既可免除搭架的麻烦，又能增加植物的光合作用，自古以来就盛产金银花。早在 20 世纪 60 年代，马山金银花就已扬名区内外。70 年代时，部分群众用金银花藤蔓扦插育苗，开始人工生态种植金银花。独特的地理环境和温差条件，使当地金银花入口清香，回味甘甜，口感上佳，成为夏日清热解暑的首选。

2023 年，古寨瑶族乡金银花种植面积 3.5 万亩，年产鲜花 230 吨，总产值约 1000 万元。良好的经济效益，让金银花成为助农增收的"富农花"。

两面针：一片绿叶，两面带刺

　　提到两面针，很多"80 后"和"90 后"最先想到的肯定是两面针牙膏，毕竟它可是从 1986 开始连续 15 年产销第一的国产牙膏品牌。虽然时至今日，两面针牙膏当年的辉煌已不再，但是"一口好牙两面针"这句经典广告语确实在很多人的记忆中深刻存在过。两面针牙膏的主要成分，就是中药材两面针。

两面针（田稚珩　绘制）

作为植物的两面针，通常在叶子两面的中部都长有一排尖尖的刺，可不就是"两面针"嘛。这个名字，真是再形象不过了！两面针不仅叶子长刺，连枝干和叶轴上都长满小刺，这赋予了两面针极强的攻击性和防御性，因此它还有个名字叫"下山虎"。

作为传统中药材的两面针，功效多多，不仅可以活血化瘀、行气止痛、祛风通络、解毒消肿，也可以用来治疗跌打损伤、胃痛、牙痛、风湿痹痛、毒蛇咬伤及烧烫伤等。秦汉时期的医书中对其已有记载，不过那时两面针还不叫"两面针"。《神农本草经》载："蔓椒，

两面针花（彭玉德　摄）

味苦，温。主风寒湿痹，历节疼，除四肢厥气、膝痛。一名豕椒。生川谷及邱冢间。"《名医别录》载蔓椒"一名猪椒，一名彘椒，一名狗椒。生云中山及丘冢间。采茎、根煮，酿酒"。这里的"蔓椒"指的就是两面针。在早期的医书中，对两面针使用的就是这些"贱名"。对此，李时珍解释为："此椒蔓生，气臭如狗、彘，故得诸名。"

关于两面针还有一个故事。相传，宋代开封城有个王员外，他的独生子孟祥与家中婢女倩娘产生了感情，背着父母私订终身。王员外夫妇得知后，把儿子送到亲戚家读书，逼着倩娘嫁给了一个本地商人。两年后，孟祥考上了状元。得知倩娘嫁给了别人，孟祥非常气愤，一阵头晕目眩便跌倒在书房的炭火盆上，又因手被烧伤而痛得昏了过去。一名老仆人闻声赶来，问明情况，连忙找来两面针煎水，用药液将烧伤处淋洗几遍，又将两面针捣烂敷在伤口上。数日后，孟祥的伤竟然好了。

《中华道地药材》记载，广西、广东为两面针道地药材产区，而广西是我国两面针药材资源及产销量最大的地区，其中南宁、钦州、贵港、玉林、梧州、贺州等地为两面针主要产区。通常所说的药材两面针是植物两面针的干燥根，但在广西民间及历代本草中，经常出现根、茎、枝、叶，甚至全株入药的情况。这是因为两面针不同药用部分的功效可以针对不同的病证，不过最常用的还是根。三九胃泰、正骨水、金鸡胶囊等著名医药产品中都有两面针这种重要原料。

近年来，广西打造"广西道地药材两面针"地理标志品牌，带动两面针产业的全面发展，实现产业致富，取得了良好的社会效益和经济效益。

鸡骨草：护肝良药，湿热克星

　　鸡骨草，学名广州相思子，又名母鸡草、猪腰草、地香根等。可别因为名字里有个"草"字，就以为它是草本植物。鸡骨草其实是攀缘灌木，能长 1～2 米高，它的木质藤常披散在地上或缠绕在其他植物上，主根粗壮而茎细，幼嫩部分密被黄褐色毛，因与鸡骨形相近而得名。鸡骨草一般生长在海拔约 200 米的疏林、灌丛或山坡上，在广东、广西、湖南等地都有分布。

鸡骨草（田稚珩　绘制）

鸡骨草是民间有名的药用植物，也是药食两用植物，有清热解毒、疏肝止痛、利湿退黄的功效。研究证明，鸡骨草还具有保肝护肝、降血脂、抗炎、抗病毒、抗菌、调节免疫力等功能。两广地区的人们喜欢在春夏季上山挖鸡骨草回来煲汤、煮凉茶。一碗浓香可口、清热祛湿的鸡骨草煲猪骨汤是两广地区"妈妈的味道"，用鸡骨草煮的凉茶更是清热解毒的消暑佳品。

有一个关于鸡骨草治黄疸的小故事。

王员外家的儿子因胁肋多日不适，胃脘胀痛不思饮食，致面色萎黄，身如橘色。花重金请来的大夫在望闻问切后开了几服药，吃了却未见好转，这可急坏了王员外一家老小。看着儿子日益憔悴、少气懒言、眼睛橘黄的样子，王员外心里充满了自责和愧疚，于是派家仆四处打听治疗的办法，还在城内外张贴榜单，重金寻找能治此病的大夫。没过多久，家仆便来报信，说家门口来了一个乞丐把榜揭了。王员外迟疑了一下，然后笑着说请他进来。乞丐进门后没多说什么，只是问王员外要来笔墨纸砚，然后写下了汤剂的配方，其中一味药便是鸡骨草。王员外赶紧吩咐仆人按方抓药。儿子服了几碗汤剂后，病情明显有所好转，服完 3 剂竟痊愈了。从此，鸡骨草煲汤便成了民间一种治疗黄疸的好方法。

随着保健意识的增强，人们对鸡骨草药材的需求量也逐年增加；再加上滥采滥挖，野生鸡骨草资源日趋枯竭。从 1985 年开始，广西相关部门开展了鸡骨草野生变家种的栽培技术研究工作，探索出了一套完整的栽培技术和病虫害防治防范措施。鸡骨草开始在广西大量种植。

　　广西鸡骨草主产于玉林、贵港和钦州，在桂林、柳州、百色、南宁、崇左、贵港、梧州等地也有种植。其中，种植面积最大的三大产区为玉林、灵山、平南。

　　玉林中草药种植历史悠久，野生中药材资源丰富，拥有 1000 多种野生中草药和八角、肉桂、鸡骨草等 10 多种岭南特色中药材，中草药已成为当地农民增收致富的优势种植业。"种植中草药的效益比种田高两倍以上。"玉林市福绵区樟木镇莘鸣村的村民这样说。莘鸣村家家户户都种植鸡骨草，该村鸡骨草、天冬、牛大力、金钱草平均每亩的收益都在 7000 元以上。2020 年，福绵区种植天冬 1.5 万多亩、鸡骨草近 5000 亩、牛大力 2000 多亩，带动 680 户村民致富，其中贫困户 200 多户，户均年增收 2.5 万元。可见，鸡骨草不仅是"护肝神草"，还是"致富草"。

广西鸡骨草种植基地（林杨　摄）

靖西田七：甘苦人参味

田七，亦称三七，是五加科人参属植物三七的干燥根，为我国特有的名贵中药材，自古就是散瘀止血、消肿定痛的良药，李时珍称它为"金不换"，足可见其药用价值之高。

田七与三七，其实是同物异名，只是产地不同。通常来说，广西产的称田七，云南产的称三七。为何要分得这么清？这与中医主张使用道地药材有关。简单来说，道地药材就是指采自原产地域，质量好、效果佳的药材。现代研究证实，同一药物在不同地区生长，由于自然环境、土壤成分、微量元素、生态环境等的不同，常会出现有效化学成分上的差异，于是就形成了中药质量的地区性，道地药材由此产生。

田七（引自朱华、戴忠华《中国壮药图鉴》）

关于田七药名的来历，有一个小故事。

相传在古时候，一个叫张二的青年患有奇怪的"出血病"，口、鼻经常出血，每天数次，虽出血量不多，但也让他难以忍受。经多方医治仍无效果，于是张二的身体渐渐瘦弱，眼看命不久矣。

这天，一位姓田的江湖郎中来到张二所在村庄行医。张二正流着鼻血，自然也来求医。查看病状后，田郎中取出一种草药的根，研磨成粉给张二服下，不大一会儿工夫，血竟然止住了。张二一家非常感激，付给郎中双倍诊金。为防止出血病再发作，他们恳请田郎中留下这种神奇草药的种子。田郎中承张家之请，便留下了草药种子。张家按照田郎中的嘱咐种上这种草药。一年后，张二家的草药长得非常茂盛，全家上下都非常高兴。

不想，当地知府的独生女也患了出血病，多方治疗不见好转，无奈只好贴出告示：能治好女儿病者，招其为婿。张二闻后带上自种的草药，研成粉让知府的女儿服下。谁知服药后，知府女儿的出血病更加严重了，甚至差点丢了性命。知府大怒，命人将张二捆起来严刑拷打，于是张二被迫讲出了草药的来历。知府又令人捉拿田郎中，要以"庸医谋财杀人"罪处以极刑。田郎中向知府解释说："此草药要种植三年以上才有止血效果，七年以上者更佳。现在草药仅长满一年，药性太差，当然治不好令爱的病。"知府命田郎中给自己的女儿服用他带来的草药。知府的女儿用药后，翌日基本血止，又调养了几日，便完全康复了。

经过这件事后，知府建议田郎中将这味药命名为"三七"，表示必须生长到 3～7 年才能用。又因为田郎中发现三七且贡献给大家，品德高尚，故在"三七"的前面加个"田"字，叫"田三七"。

田七的药名还有另一种说法。古代乃至近代，三七的出产地主要是广西靖西、田东、田林一带。其中，田东、田林是古代"田州"的范围。许多特效药物多以原地名来称呼，故将三七称为"田三七"，简称"田七"。这种说法更符合实际情况。

广西田七主要分布在田东、田阳、靖西、德保等地，其中靖西因田七产量高、质量好、个大坚实，被称为"田七之乡"。

田七除草护理（赵京武 摄）

黄花蒿："中国神草"造福人类

　　2011年，中国药学家屠呦呦因"发现了青蒿素——一种治疗疟疾的药物，在全球特别是发展中国家挽救了数百万人的生命"，获美国拉斯克－狄贝基临床医学研究奖；2015年10月，屠呦呦又因从中医药古典文献中获取灵感，先驱性地发现青蒿素，开创疟疾治疗新方法，获得诺贝尔生理学或医学奖。

　　屠呦呦获得诺贝尔奖的消息传回国内，所有国人都为之骄傲和振奋。同时，屠呦呦研究的这种治疗疟疾的特效药"青蒿素"也迅速进入人们的视野。

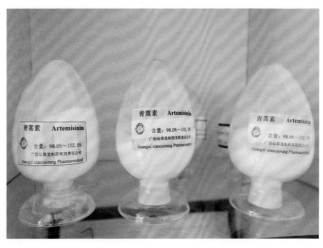

青蒿素样品（谭凯兴　摄）

　　"青蒿素"这个名字很容易让人以为它是从植物青蒿中提取的，其实不然。青蒿素提取自植物黄花蒿，而植物青蒿中并没有青蒿素存在。黄花蒿和青蒿是同科同属不同种的植物，长得像，黄花蒿的众多别名里也有一个"青蒿"（植物黄花蒿的干燥地上部分，属中药材名称），怪不得大家容易把它们搞混。

　　疟疾是人类史上的顽疾，人类与之抗争了几千年，至今仍未完全消灭它。疟疾，即通常所说的"打摆子"，是一种由疟原虫引起的虫媒传染病，主要由按蚊叮咬传播。有个顺口溜这样描述"打摆子"："冷来时，如在冰上卧；热来时，如在蒸笼里头坐；疼时节，疼得天灵

青蒿植物，不能提取青蒿素（引自朱华、戴忠华《中国壮药图鉴》）

黄花蒿，可提取青蒿素（引自黄瑞松《中国壮药原色鉴别图谱》）

盖儿破；颤时节，颤得牙齿直打抖。"

中医关于疟疾的记载可以追溯到几千年前，而青蒿作为药材的使用也是如此。首次提到青蒿用于疟疾治疗可以追溯到东晋葛洪的《肘后备急方》，此后青蒿和其他技术在疟疾防治中的应用在中国一系列历史医药著作中常有记载，其中包括颇具影响力的李时珍的《本草纲目》。这些丰富的中医药文献为青蒿素的发现和发展做出了巨大贡献，屠呦呦发现青蒿素的灵感就来源于《肘后备急方》。

20 世纪 40 年代末，全国疟疾病例约有 3000 万例，死亡率约 1%，这是一个非常可怕的数字。就在 20 世纪 70 年代，全国还有 2000 多万人在家里忍受"打摆子"的痛苦。青蒿素及其衍生物的出现，成功治愈了成千上万的疟疾患者。

2000 年以来，世界卫生组织把青蒿素类药物作为首选抗疟药物。据世界卫生组织不完全统计，青蒿素作为一线抗疟药物，在全世界已挽救数百万人的生命，每年治疗患者数亿人。

2021 年 6 月 30 日，世界卫生组织宣布中国通过消除疟疾认证。这是我国卫生事业发展史上又一座里程碑，也是中国对世界卫生事业做出的贡献。

2023 年是共建"一带一路"倡议提出 10 周年。这 10 年来，中医药已传播至 196 个国家和地区。中国以青蒿素为技术核心，为 30 多个国家援助建设抗疟中心，培训专业人才 3000 多名，"复方青蒿素快速清除疟疾项目"帮助非洲多地区实现了从高疟疾流行区向低疟疾流行区的快速转变。

正如中国中医科学院终身研究员、国家最高科学技术奖获得者屠呦呦所说："青蒿素是人类征服疟疾进程中的一小步，是中国传统医药献给世界的一份礼物。"

融安县青蒿国家种质资源库，一名科研人员正在对优选出的黄花蒿苗进行组培（谭凯兴　摄）

融安县青蒿国家种质资源库拍摄的黄花蒿组培苗样品（谭凯兴　摄）

中国是青蒿素的发现国，也是世界最大的黄花蒿种植国，中国最大的黄花蒿种植区为重庆酉阳和柳州融安。融安县是石漠化片区，有相当多的荒山坡地不适宜种植农作物。青蒿素产业有效推进了广西石漠化片区土地的利用，已辐射带动周边 15000 多户农户种植黄花蒿并实现增收，巩固拓展脱贫攻坚成果，推进乡村振兴。黄花蒿成了贫困山区的"致富草"、山区人民心中的"仙草"。

融安是全球最大的青蒿素生产基地。2022 年，融安青蒿素年产量保持在 150 吨左右，其中世界卫生组织定点采购 100 吨，占世界卫生组织采购量的40%。

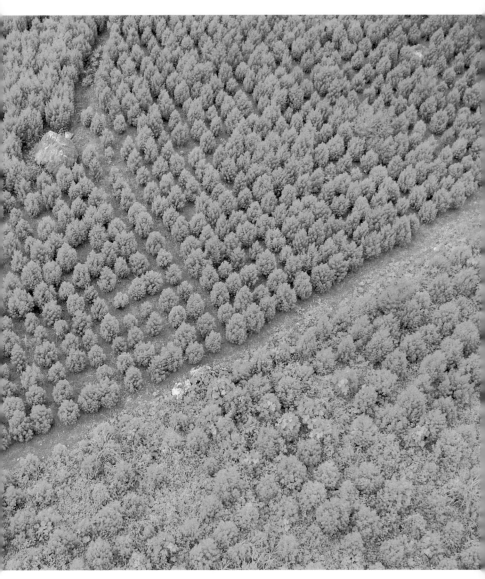

融安县泗顶镇吉照村，种植户在田间管护黄花蒿（谭凯兴　摄）

后记

  本书在创作过程中，首要考虑的是尽可能地将广西丰富多彩的农、林、果等物产呈现出来。因此，我先对内容进行分类归纳，形成了当前这样一个框架结构；又经过反复甄选，选择了 40 多种常见的、与国计民生息息相关的物产进行介绍，向读者讲述它们或平凡或传奇的经历，以及它们对广西的贡献。本书力求做到条目清楚、重点突出。

  本书的编写得到了广西壮族自治区党委宣传部的鼓励和支持，广西壮族自治区图书馆的李璨老师在百忙之中为本书提供了宝贵资料，广西许多优秀摄影家朋友为本书提供了精美图片，出版社编辑人员做了大量的资料整理和编辑工作……在此向他们表示诚挚的谢意！

  希望本书能给读者带去一些南方山野的气息，让读者感受到广西人民与大自然和谐共处的智慧和八桂大地敞开胸怀给予勤劳与智慧的广西人民的无私馈赠。

朱千华

2023 年 6 月